...in culpa est

N.º 13

DIRECTOR

MANUEL JOSÉ PEDRAZA GRACIA

.

LA TIRANÍA DEL CALENDARIO

LA MEDICIÓN DEL TIEMPO
EN LA CULTURA OCCIDENTAL

LA TIRANÍA DEL CALENDARIO

LA MEDICIÓN DEL TIEMPO
EN LA CULTURA OCCIDENTAL

ELISA RUIZ GARCÍA

PRENSAS DE LA UNIVERSIDAD DE ZARAGOZA

© Elisa Ruiz García
© De la presente edición, Prensas de la Universidad de Zaragoza
  (Vicerrectorado de Cultura y Proyección Social)
  1.ª edición, 2023

Serie de la revista *Titivillus: … In culpa est*, n.º 13
Director de la serie: Manuel José Pedraza Gracia
revistatitivillus@gmail.com   https://titivillus.es

Prensas de la Universidad de Zaragoza. Edificio de Ciencias Geológicas, c/ Pedro Cerbuna, 12
50009 Zaragoza, España. Tel.: 976 761 330
puz@unizar.es   http://puz.unizar.es

 Esta editorial es miembro de la UNE, lo que garantiza la difusión y comercialización de sus publicaciones a nivel nacional e internacional.

ISBN 978-84-1340-816-3
Impreso en España
Imprime: Servicio de Publicaciones. Universidad de Zaragoza
D.L.: Z 2212-2023

Índice

Prólogo

En la colección …*In culpa est* se incluye este nuevo volumen escrito por una de las investigadoras que más y mejor han examinado y estudiado el mundo del manuscrito y los primeros impresos desde las diferentes facetas que atañen a sus diversas tipologías documentales. Es, en consecuencia, un honor para esta modesta colección dedicada al libro contar entre sus volúmenes con uno de los trabajos de la Dra. Elisa Ruiz García. El lector ya habrá notado que este no se centra de forma específica en el mundo del libro y el documento sino en el de la calendación; y es que este volumen persigue introducir al lector en una materia que se puede considerar, sin duda, atingente, pero imprescindible, a la hora de enfrentarse al espacio del libro antiguo y también al de la documentación; como también responden a este mismo planteamiento la toponomástica, la iconografía o la heráldica, entre otros. Cierto es que ninguna de ellas se refiere de manera exclusiva al libro y al documento, pero sin ellas resulta tremendamente dificultoso, por no decir definitivamente imposible analizar un ejemplar desde las facetas mínimas que requiere la poliédrica actividad de ofrecer un análisis correcto y ajustado de un ejemplar bibliográfico antiguo. En efecto, el proceso analítico, cuasi arqueológico de estudio de un ejemplar o una edición requiere el abordaje desde muchos flancos diferentes, aunque imprescindibles, desde muchos conocimientos necesarios y desde diversas competencias, técnicas o métodos. Este libro es, pues, no solamente un tratado de tipo teórico del tema, sino también una herramienta de uso práctico sobre el objeto libro, aunque no solo.

La Dra. Elisa Ruiz proporciona en esta obra un ameno paseo por el arduo terreno de los calendarios entroncado originariamente con la astronomía y la matemática y, sin embargo, esencial para ubicar en la imprescindible línea temporal un documento o la edición de una determinada publicación. Por tanto, la calendación, se convierte en un auxiliar fundamental a la hora del análisis no siempre necesariamente profundo del manuscrito y el impreso. En consecuencia, se trata de aportar al ámbito del libro antiguo, aunque no solo, evidentemente, una herramienta para poder proporcionar con seguridad una datación correcta a los documentos y libros antiguos que esconden en los vericuetos y rincones de los vaivenes de la evolución del calendario y de los estilos de datación las fechas presentes que no siempre son tan evidentes como parece por la mera lectura de lo expresado en ellos. Baste traer a colación, como ejemplo, los recientes trabajos de la Dra. María Eugenia López Varea que han llevado a reformular las dataciones de algunos de los incunables salmantinos cuyas fechas de publicación eran incuestionables hasta ese momento y que hacen concluir a la autora que «se hace necesaria la revisión de los colofones y las dataciones del Calendario Juliano aplicadas a los impresos incunables para compararlas con el Estilo moderno».[1] Y es que no se trata de datar los documentos *sine notis*, que tan de cabeza traen a los investigadores de toda índole, sino de ofrecer la correcta fecha en la que se dieron a la luz los documentos que ofrecen dataciones que, de una manera a nuestros ojos casi tramposa, resultan demasiado indiscutibles.

Este nuevo trabajo de la Dra. Ruiz proporciona una herramienta para sortear ese cúmulo de posibles trampas que los días, meses y años ponen al investigador y para cubrir esta necesidad no solo ofrecen una panorámica completa de las mutaciones sufridas por el calendario, sino que también proporciona un conjunto de tablas y recursos para facilitar el traslado a un calendario comprensible desde la actualidad.

El lector encontrará un análisis de la invención del calendario en Roma, que es el precedente cultural más directo que se ha seguido para alcanzar el sistema de la medida del tiempo en la actualidad, el método de calendación romano, sus divisiones internas, su evolución y el concepto de «era» que tanta trascendencia posee para la datación de documentos hispánicos. En ese camino se trata también la reforma de Julio Cesar, el calendario juliano. La irrupción del cristianismo y sus símbolos, la edición de un calendario romano hallado en el siglo XVI reproducido en tinta y papel en la imprenta de Cristóbal Plantino bajo los auspicios de Benito Arias Montano y Pedro Chacón, que proporcionó una interpretación exhaustiva del documento epigráfico; y la existencia del *Codex Vaticanus Barberini latinus* 2154 de la Biblioteca Vaticana también son objeto de este trabajo.

Se hallará después una detallada descripción de la calendación medieval que tanta trascendencia tiene en los primeros impresos, especialmente los de carácter litúrgico, llegando al calendario eclesiástico vigente tras detenerse en la reforma gregoriana.

Finalmente hallará el lector un apéndice pleno de recursos y tablas que deben servir para un manejo más eficaz de la información de cara a obtener la datación correcta de los recursos que se pretenda estudiar: el calendario civil romano detallado con unas reglas para convertirlo a fechas contemporáneas,

---

[1] María Eugenia LÓPEZ VAREA, «El enredijo de los colofones de los incunables salmantinos I: Autoría de algunos colofones y una datación en el *Anno ab Incarnatione Domini* al modo de Pisa en un incunable de Salamanca», *Pecia Complutense*. 15. 28 (2018), pp. 68-80, <https://docta.ucm.es/rest/api/core/bitstreams/e1d2c57e-8e52-41d9-b6b1-64ea5edfbc33/content>, [Consulta: diciembre de 2023], por ejemplo.

elementos para el análisis del calendario eclesiástico (métodos para hallar la Pascua de Resurrección), equivalencia de la era, la obtención de la letra dominical, el número áureo, la indicción, epacta…, acompañados de algunos ejemplos prácticos de la aplicación de las citadas tablas y cuadros prácticos.

Se trata, por consiguiente, de una *rara avis* bibliográfica cuyo cometido es comprender y poder aplicar los sistemas equivalencia de las calendaciones antiguas más utilizadas en nuestro ámbito cultural a lo largo del tiempo.

Manuel José Pedraza Gracia

A la condición humana que
nos ha llevado hasta aquí.

La entelequia del tiempo*

Fugit irreparabile tempus.[1] Solo la muerte nos libera de la tiranía del calendario. Mientras estamos en vida, somos sus víctimas.[2] Por tal razón, merece la pena prestar cierta atención al sistema de representación cronológica de ese instrumento. El concepto expresado a través del término «tiempo» ha sido objeto de múltiples interpretaciones desde diversos enfoques (astronómicos, religiosos, filosóficos, matemáticos, etc.). Incluso se ha llegado a plantear la existencia de un universo de seis dimensiones.[3] En la presente ocasión solo interesa considerar ese vocablo bajo un aspecto concreto, esto es, como una magnitud insoslayable que rige los destinos de los seres humanos y nos permite establecer convencionalmente la duración de las cosas sujetas a mudanza. Este punto de vista resulta operativo ya que, en función de dicha magnitud, hemos establecido una triple distinción entre un pasado, un presente y un futuro.[4] Tal división simbólica se desarrolla particularmente en las sociedades que alcanzan un determinado nivel cultural. Como es lógico, cada una de ellas elabora procedimientos propios de medición. El objetivo de esta investigación se

---

*Agradezco a la doctora Margarita Martín Velasco su extraordinaria colaboración en la composición tecnológica de este libro.

[1] Virgilio, *Geor.* III, 284.

[2] La versión mítica griega de este hecho real es todo un acierto. El dios Crono devora a sus hijos.

[3] Baste con citar las conocidas propuestas del filósofo John G. Bennet. El asunto tratado en esta investigación se correspondería en el plano teórico con una cuarta dimensión.

[4] Esta certidumbre tal vez ha influido en el desarrollo del concepto de individualidad y en la toma de conciencia de que toda persona es un ser mortal.

centrará en los métodos de calendación[5] aplicados en el área latina occidental en un período cronológico que abarca desde la Roma imperial hasta el calendario actual. En el devenir histórico de dicha invención cabe distinguir tres grandes momentos o tipos de calendarios:

- Ciclo prejuliano: 0 - a. 46 a.C.
- Ciclo juliano: a. 45 a.C. - 4 de octubre de 1582.
- Ciclo gregoriano: 15 de octubre de 1582.

La primera modalidad era un sistema rudimentario de medición del tiempo. Hay pocos testimonios históricos sobre sus características. El llamado Calendario juliano supuso una notable mejora. Fue una reforma del modelo anterior, hecha en tiempos de Julio César (a. 45 a.C.→). Constaba de tantos meses como ahora. Asimismo, se introdujo una importante novedad: la adopción de un tipo de cómputo que mejoraba el sistema astronómico establecido.

Así nació el año bisiesto, consistente en añadir el espacio de un día completo tras el 24 de febrero (*bis sextus*). El procedimiento ideado mejoró la duración del ciclo solar (365+ ¼ de día). Fue usado hasta la reforma instaurada por el pontífice Gregorio XIII. Este tercer tipo de calendario será estudiado *in extenso* a lo largo de esta obra.

La invención del calendario romano

La noción de tiempo astronómico ha sido un descubrimiento poligenético en diversas áreas del planeta. La percepción de un tipo de medida cronográfica se inició de manera natural. El ritmo alternativo de la noche y del día estableció una primera unidad. A ella se unió una segunda derivada de la observación del ciclo lunar. Este fenómeno celeste ha sido un referente utilizado por múltiples sociedades humanas como base de un sistema de cómputo. El término latino *mensis*, al igual que la voz griega μήν («mes», «luna»), expresa el tiempo que invierte el satélite en dar una vuelta completa alrededor de la Tierra. La periodicidad de ese ritmo originó, en consecuencia, una unidad de medida. El intervalo entre dos fases idénticas de la Luna se denomina mes sinódico y su duración media asciende a 29 días, 12 horas y 44 minutos.[6] Ese ciclo es considerado el auténtico mes lunar.

El conjunto de normas ideadas para determinar dicha dimensión de tiempo de un modo preciso constituye un sistema de representación del paso de los

---

[5] Este sustantivo no figura en el *DRAE*. Su empleo es necesario como neologismo en el tratamiento del tema cronográfico aquí estudiado.

[6] Las fases lunares son los cambios aparentes de la porción visible iluminada del satélite, debido a la variación de su posición respecto a la Tierra y el Sol. El ciclo completo es denominado lunación. Durante el cual el astro alcanza el novilunio o luna nueva; luego, su porción iluminada visible vuelve a aumentar gradualmente o cuarto creciente, y dos semanas después, ocurre el plenilunio. En torno a las dos semanas siguientes, dicha porción vuelve de nuevo a disminuir y el satélite entra otra vez en una nueva fase del ciclo o novilunio.

días mediante agrupación de unidades fragmentarias convencionales (años, meses, semanas, etc.). Su plasmación material recibe el nombre técnico de *calendario*.[7] El modelo más antiguo de medición es atribuido tradicionalmente a Rómulo en el ámbito occidental. El procedimiento se regía por un ritmo astronómico de tipo lunar. Comprendía un número variable de días, agrupados en 10 meses.[8] Era un año civil agrícola basado en unos cálculos rudimentarios. Este calendario fue sustituido por otro, adjudicado a Numa Pompilio († 674 a.C.). El año fue ampliado a 355 días mediante la adición de dos meses finales, enero y febrero. El inicio del ciclo anual se estableció en el día primero del mes de marzo con el equinoccio de la primavera y se precisó la duración de los meses. Este sistema de cómputo no se ajustaba con exactitud al ciclo lunar, por ello, el desplazamiento del ritmo del calendario no tardó en producirse con relación a las estaciones y lunaciones. Para corregir esa diferencia, se intercalaba cada dos años un nuevo mes, llamado *mercedonius,* entre el 23 y el 24 del mes de febrero.

Desde mediados del siglo II (a. 153 a.C.) se fijó el 1 de enero como fecha de entrada en ejercicio de los dos nuevos cónsules, cuyo mandato era anual. Esta innovación introdujo un factor político en el sistema de cómputo: empezar la medición del tiempo a principios del mes de enero para hacerlo coincidir con la entrada en funciones de ambos magistrados.[9]

---

[7] En la cultura hebrea se empleaba en su lugar la voz *almanáh,* palabra derivada de la idea de «contar». El término castellanizado («almanaque») se caracteriza por presentar datos astronómicos y también noticias relativas a festividades religiosas, celebraciones políticas y actividades tradicionales varias.

[8] Por tal motivo los seis meses últimos eran denominados según su orden numérico de aparición a lo largo del año (*quintilis, sextilis, september, october, november* y *december*). Los restos de esa nomenclatura todavía resultan perceptibles en la versión castellana de los siguientes nombres: septiembre, octubre, noviembre y diciembre. Tras el asesinato de Julio César se le otorgó su nombre al quinto mes (*Iulius*). El prestigio de Augusto, el primer emperador romano, determinó que se le consagrase el sexto mes (*Augustus,* a. 27 a.C.).

[9] A partir de esa data, los años serían ordenados mediante la mención de los nombres yuxtapuestos de los dos cónsules designados. Este tipo de datación se expresaba mediante una construcción gramatical en forma de ablativo absoluto: *Iulio Cesare et Marco Aemilio Lepido coss.* (= *consulibus*): «Siendo cónsules Julio César y Marco Emilio Lépido» o bien: «Durante el consulado de …» (= año 44 a.C.). Había otro sistema que tomaba como referencia el año de la fundación de Roma: *Ab Urbe condita* (753 a.C.) o bien la fecha de derrocamiento de la monarquía: *Post exactos Reges* o *Post expulsos Reges* (509 a. C.). Los listados que registran los nombres de los dos magistrados que han desempeñado tales cargos se llaman *Fasti consulares.* Véase Attilio Degrassi, *I fasti consolari dell'impero romano dal 30 avanti Cristo al 613 dopo Cristo.* Roma: Edizione di Storia e Letteratura, 1952.

Concepto de «era»

Además de los ciclos anuales hay que tener en cuenta unos períodos temporales indeterminados que responden al nombre de «era» (*aera*).[10] Esta práctica cronográfica se basa siempre en el establecimiento de una referencia fija convencional respecto de sus comienzos, vinculados siempre a un hecho concreto, a partir del cual los años son numerados. La hipotética creación del mundo es un punto de partida en muchas culturas. Por ejemplo, el relato descrito en el primer libro de la Biblia sobre este acontecimiento[11] ha sido interpretado ocasionalmente en clave: los seis días empleados por Dios en el proceso cosmogónico han sido considerados como una señal de que el mundo debería durar seis mil años. El concepto de milenarismo se ha basado en esta creencia.[12]

En nuestro ámbito cultural se han practicado diversas eras. La llamada «romana» tiene como punto de referencia la supuesta fecha de la fundación de la ciudad epónima. La expresión consagrada de este hecho se ha expresado tradicionalmente bajo la fórmula latina: *ab Urbe condita*. Este acontecimiento legendario inició una etapa, cuya antigüedad se extendería por un tramo de unos 753 años. En el año 45 a.C. se instauró un nuevo tipo de calendario bajo el mandato de Julio César. Este cambio cronográfico no supuso el establecimiento de una era propiamente dicha, sino la introducción de un nuevo sistema de cómputo del tiempo.

Otra etapa iniciática que nos interesa es la llamada Era hispánica. En este caso el cálculo de los años se cuenta a partir del año 38 a.C., equivalente al 716 de la Era de Roma.[13] Para convertir esa data a nuestro sistema actual hay que restar 38 unidades a la cifra del año indicada en la fuente. Este tipo de cómputo fue practicado desde el s. III. Es el sistema más empleado en toda la documentación medieval de la Península Ibérica.[14] El procedimiento fue utilizado en Castilla y León profusamente. Su abolición se debe al rey Juan I en las Cortes de Segovia de 1383 y con efectos de 25 de diciembre de 1384. La modalidad llamada Era cristiana fue establecida por Dionisio el Exiguo (*c*. 460-525 / 550). Este erudito monje, de origen bizantino, hizo sus cálculos teniendo en cuenta que el punto de referencia fuese la fecha del nacimiento de Cristo. Ese cómputo ha sido considerado posteriormente inexacto en cuanto al número

---

[10] La etimología de este vocablo se ha puesto en relación con el sustantivo *aes*, que significa «bronce», esto es, figuradamente «dinero», por razones del pago de impuestos.

[11] *Génesis*, vv. 1-2, 4.

[12] Los distintos cómputos aplicados han propiciado la observación de este fenómeno en diversos momentos históricos.

[13] Esa fecha testimonia la dependencia política de Hispania respecto del poder romano. Sobre los hechos concretos que sancionaron esa situación jurídica hay disparidad de opiniones entre los historiadores de esa época.

[14] Cuando en la fórmula de datación de un escrito hispano figure la expresión *Sub era* o bien *Era*, quiere decirse que deberemos restar 38 años a la cifra registrada en el testimonio escrito para convertir la fecha a nuestro sistema de cómputo actual.

del año atribuido al acontecimiento y el día fijado para la natividad, no obstante, dado el arraigo histórico del hecho y la amplitud de su difusión, ha parecido más conveniente respetar esa fecha tradicional.

Dataciones antes de Cristo				Dataciones después de Cristo	Calendario
Era de Roma	**Era juliana**	**Era hispánica**	**Datación a.C. retrospectiva**	**Era cristiana**	
1			753 a.C. Fundación de Roma		Prejuliano
509			245 a.C. Fin de la monarquía		
601			153 a.C. Nombramiento de cónsules		
691			63 a.C. Nacimiento de Cayo Octavio Augusto		
708			46 a.C.[15]		
707	1		45 a.C. Calendario 44 a.C. † Julio César		Juliano
716		1	38 a.C. Era Hispánica		
724			30 a.C. Suicidio de Marco Antonio		
727			27 a.C. Cayo Octavio Augusto, primer emperador		
742			12 a.C. Cayo Octavio Augusto, Pont. Máximo		
753			Último año de la Era de Roma		
[754 a.C]				1 Nacimiento de Cristo	
				14†Augusto ↓	
				1582	Gregoriano

Fig. 1: Cuadro recapitulativo de las Eras

---

[15] Año de duración irregular para facilitar la transición al nuevo sistema juliano.

En torno al sistema de calendación romano

Dado que el calendario era, y es, un instrumento necesario para el desarrollo de la vida cotidiana, ya que indicaba la distribución de determinadas actividades en distintas fechas a lo largo de un año, era preciso garantizar su difusión social. El mundo grecolatino ha sido calificado como «una civilización de la epigrafía». Las inscripciones[16] sobre materiales duros eran el medio habitual para dedicar monumentos sepulcrales u honorarios; rendir culto a los dioses; señalar las festividades lúdicas, recordar el cumplimiento de acciones útiles; dar a conocer el contenido de tratados, leyes, reglas etc. Solo se conserva un testimonio fragmentario de un calendario anterior a la reforma de Julio César. Dicho calendario, procedente de Anzio, estaba pintado directamente sobre la superficie de una pared (fig. 2): *Fasti Antiates Maiores*. Roma, Museo Nazionale delle Terme.

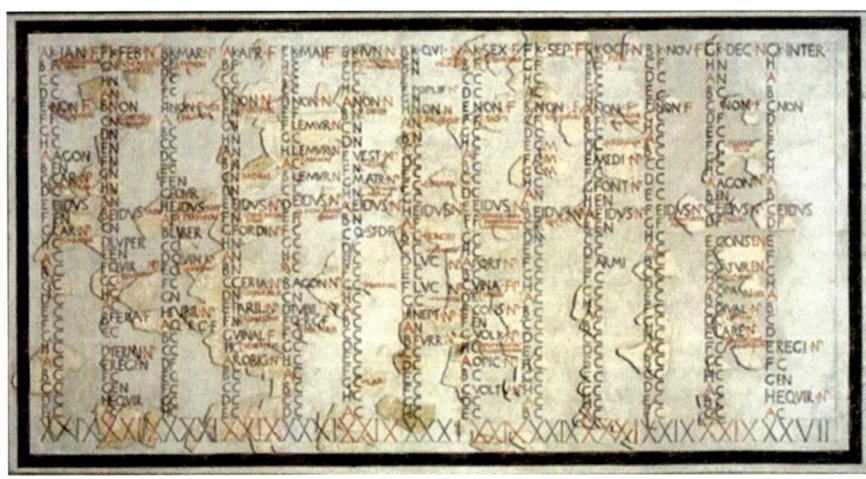

Fig. 2: *Fasti Antiates Maiores*. Roma, Museo Nazionale delle Terme

La reforma juliana del calendario

El tipo de calendario practicado en esa época presentaba un problema estructural respecto del método de cálculo establecido. El modelo vigente no se ajustaba con exactitud al curso de la luna ni al del sol. El calendario prejuliano respondía al cómputo de 365 días por año. Tras un plazo de cuatro años se producía el desfase de un día respecto del ciclo solar ya que la cantidad de días multiplicada por cuatro anualidades arrojaba el siguiente resultado: 365 días x 4 años = 1460 días. Esta diferencia pudo ser eliminada gracias a la difusión de los conocimientos científicos alejandrinos y, en particular, por la intervención del

---

[16] Eran denominadas *tituli* por ser consideradas como objetos portadores de palabras.

astrónomo Sosígenes, quien había conseguido establecer que la «revolución solar» fuese fijada en 365 días y seis horas, resultado de una ajustada aproximación astronómica, con un pequeñísimo margen de error, dados los rudimentarios instrumentos de la época. Gracias a esta modificación técnica se introdujo el modelo de calendario llamado «juliano», basado ya en el nuevo ciclo solar.[17] La duración del año (entendiendo por tal el movimiento completo de traslación de la Tierra alrededor del Sol) se estableció en 365 días y un cuarto de día. Para corregir el desfase de una jornada completa se añadió artificialmente al calendario un día cada cuatro años: 365 días + ¼ de día x 4 = 1461 días. El mes de febrero tendría cada 4 años 29 días en vez de 28. Ese añadido se incorporó tras el sexto días antes de las calendas de marzo, por lo que ese año computaría dos días denominados «sextos» en dicho mes. El día añadido pasó a ser denominado «bisiesto» (*bis sextus*): *bis sextum ante Kal. Mart.* = Día 29 de febrero.

Februarius

Año común		Año bisiesto	
24	VI		VI
25	V	VI *bis*	25
26	IV	V	26
27	III	IV	27
28	*Pr. Kal.*	III	28
		Pr. Kal.	29
1	*Kal. Mart.*	*Kal. Mart.*	1

Quiere decirse que, en tiempos de Julio César (100-44 a.C.), se reformó el calendario. En el día 1 de enero del año 707 de la Era de Roma (45 a.C.) se inició el ciclo llamado juliano. Otros aspectos principales de este calendario fueron:

- Adopción de un año solar.[18] El equinoccio de primavera fue fijado el día 25 de marzo.

- Conseguir que se ajustasen los ciclos de 19 años solares y lunares en determinada fecha.

- División del tiempo astronómico en doce períodos.

- Supresión del mes *mercedonius*

---

[17] Tal tipo de cómputo supuso un avance fundamental que culminó en su día cuando se pudo determinar el día de la Pascua de Resurrección, fecha en torno a la cual gira el año litúrgico.

[18] Al margen de las innovaciones introducidas en el calendario juliano, es preciso señalar que los latinos del siglo I seguían considerando que la Luna era el principal referente del paso del tiempo. A título de ejemplo, véase un verso de Horacio (65-8 a.C.), quien describe de manera inigualable la idea de fugacidad: *Truditur dies die, novaeque pergunt interire lunae. Odas*, II, 18, v.15. («Un día empuja a otro día y las lunas nuevas se apresuran a morir»). Otro poeta contemporáneo, Ovidio (43-17 d.C), levantó acta de un hecho conocido por todos: *Luna regit menses. Fastos*, III, v. 883.

La escasez de datos sobre la primera época del instrumento cronográfico prejuliano contrasta con las muestras conservadas del siguiente modelo reformado. Hay diversos testimonios de este segundo tipo,[19] de fecha temprana, procedentes mayoritariamente del Lazio. Fueron esculpidos sobre lastras de mármol o bien grabados sobre placas metálicas. También se hicieron tardíamente ejemplares en forma de *libelli*, escritos sobre papiro o pergamino.[20]

Como los testimonios de la época imperial difieren de nuestros usos actuales, parece conveniente resumir las características básicas de este sistema de representación del paso del tiempo, ya que la lectura de los textos latinos conservados, datables en ese período histórico, resulta dificultosa, a primera vista, debido a que las informaciones van siempre escritas de manera abreviada.[21] Este instrumento público divulgador proporciona los siguientes datos, todos ellos compendiados:

1. Nombre del mes: *IAN, FEB, MAR, APR, MAI, IVN, IVL, AVG, SEP, OCT, NOV, DEC.*

2. Fechas fijas del cómputo intramensual de la luna: *K, NON, ID (EID).*

3. Letra nundinal (*Dies nundinales*) o día hebdomadario: *A B C D E F G H.*

4. Clasificación laboral y fetichista de las jornadas (*Index dierum): F, N, NP, C, EN, etc.*

5. Efemérides:[22] Principales fiestas fijas de carácter ritual (*M, A, G, V*) y espectáculos de diversos tipos.

La primera entrada no presenta dificultad alguna. Los nombres de los meses en latín se corresponden con nuestras denominaciones actuales: *Ianuarius, Februarius*, etc.

El siguiente punto sí ofrece una novedad: consiste en la forma de dividir el transcurso del tiempo astronómico correspondiente a cada mes. El procedimiento estaba vinculado a las fases de la luna. Son de tres tipos que responden a los nombres de *Kalendae, Nonae* e *Idus.* Esos referentes eran la base de cálculo para la identificación y mención de las unidades individuales distinguibles a lo largo de un período de este tipo. Los nombres de las señales de cómputo intramensuales se conservaron mientras que este sistema de medición estuvo vigente. La voz *kalendae* remite probablemente al verbo griego καλέω («llamar», «convocar»), debido a que el *pontifex minor* convocaba periódicamente al pueblo en el día en que eran visibles las dos puntas o cuernos de la luna nueva o novilunio. En ese momento el titular fijaba la fecha de las próximas *nonae* o primer cuarto creciente y de los *idus* o plenilunio:

---

[19] Ida Calabi Limentani cita cuarenta y dos casos (*Epigrafia latina,* Milano, Goliardica, 1973, p. 396.)

[20] Una muestra de este tipo será estudiada más adelante.

[21] Sobre el método de conversión de una fecha latina a nuestro sistema de cómputo actual véase el Apéndice.

[22] El término ἐφημερίς significa etimológicamente «acontecimientos de un día».

- *Kalendae, -arum* (*K*): Este nombre se aplicaba al día 1° de cada mes. La fecha se indicaba en caso ablativo: *Kalendis Martiis* = el día 1 de marzo.
- *Nonae, -arum* (*Non*): El significado de esta palabra se correspondía con la fecha del día 7° en los meses de marzo, mayo, julio, octubre; y con el día 5° en los demás meses.
- *Idus, -uum*. (*Eid*):[23] Este término se correspondía con la fecha del día 15° en los meses de mayo, julio, octubre; y con el día 13° en los demás meses. El día posterior a la fecha del *idus* era considerado aciago (*ater*).

El método empleado habitualmente para la indicación de una fecha concreta era de tipo retrógrado. El día anterior o el posterior a las tres fechas capitales se expresaba respectivamente con las palabras *pridie* o *postridie* seguidas de la fecha básica correspondiente en acusativo: *pridie Nonas Mart.* = 6 de marzo; *pridie Kalendas Apriles* = 31 de marzo; *postridie Kalendas Ianuarias* = 2 de enero. A los demás días se les asignaba un numeral ordinal calculando los días que faltaban para la fecha fija siguiente (*Kalendae, Nonae o Idus*). En todos los cálculos se computaba la fecha base de partida y la de llegada, ambas inclusive.[24] El numeral ordinal resultante de dicho cómputo se ponía en caso ablativo seguido de la preposición *ante* concertando con las palabras de la fecha fija expresadas en caso acusativo: *die tertio ante Kalendas Apriles* = 30 de marzo.[25] Era más frecuente que esta construcción aquella otra que consistía en anteponer a la fecha la preposición *ante,* seguida de todos los demás términos en acusativo: *ante diem tertium Kalendas Apriles* = 30 de marzo. Esta expresión solía escribirse de manera abreviada: *a. d. III. Kal. Apr.*

Como esta forma de expresar las fechas se ha usado durante siglos, conviene conocer un método de conversión de una data romana a nuestro sistema de cómputo actual. El procedimiento explicado es muy elemental y propio de prácticas escolares, no obstante, por su utilidad se reproduce el mecanismo en el Apéndice.

Otras divisiones internas del calendario latino

Es llamado día el período natural de tiempo que tarda la Tierra en dar una vuelta sobre su eje. En los primeros siglos de la historia de Roma esos espacios de 24 h. eran agrupados en series de nueve jornadas (*nundinae*). Por tal motivo eran llamados *Dies nundinales*. Dicho término (*nundinum*) significa «espacio de nueve días», pero, de hecho, se contabilizaban ocho (A-H) y el noveno se fundía

---

[23] En el calendario augusteo reproducido la abreviatura de la fecha correspondiente a los *Idus* se ha expresado a través de la variante etrusca *EIDVS*. La abreviatura es *EID*.

[24] Este dato debe ser tenido siempre en cuenta cuando se convierte el sistema de cómputo romano al nuestro actual.

[25] Según el tipo de cómputo romano: el 30 de marzo equivalía al III día; el 31 de marzo era denominado *Pridie Kal.* o segundo día; y el 1 de abril era el tercero o tope, puesto que siempre se contabilizaba la fecha base de partida y la de llegada.

con el primero (A) para que los comerciantes se reuniesen y conviniesen los negocios.[26]

La adopción del calendario juliano no supuso un cambio a este respecto y se mantuvo asimismo la sucesión rítmica de esos módulos temporales a lo largo de todo el período anual. En realidad, se observaba una división del mes en partes menores como ocurre con la actual semana. Cada día era designado con una letra mayúscula que indicaba un orden sucesivo dentro de la serie: A B C D E F G. Al comienzo del año, se empezaba con la letra A o *Kalendae* de enero.

La mención de los días *nundinales* se solía completar con la adición de otros términos que precisaban el significado atribuido a cada día, bien de carácter ritual, tradicional, social, etc. Se trata del *Index* o *notae dierum*, serie de días señalados por diversos motivos. Esta información aparece indicada en los calendarios mediante una letra o siglas. Las claves de este código de creencias ancestrales[27] figuran en el modelo estudiado. Los principales tipos son:

- C. *Dies comitiales*. Son los días en los que era lícito celebrar los comicios (*ad ferendum suffragium*). La población legalmente constituida (*populus*) podía aportar su voto. Por extensión, en esas jornadas estaba permitido realizar ciertas actividades. Se podrían asimilar con nuestra clasificación de jornadas «laborables».
- F. *Dies fasti*.[28] Eran así llamados aquellos días en los que era lícito al pretor pronunciar los tres verbos *do, dico addico*, es decir, actuar jurídicamente. Tales fechas eran consideradas jornadas favorables. En la versión del calendario de Numa Pompilio ya se diferenciaban los días fastos de los nefastos. Aquellos que eran señalados con una *F* eran jornadas que estaban dedicadas a la actividad humana y, sobre todo, a la actividad jurídica.
- N. *Dies nefasti*. En esos días no le estaba permitido al pretor actuar jurídicamente. Tales jornadas eran consideradas de mal agüero. Los días representados con una *N* eran dedicados a los dioses y, por tanto, cesaba toda actividad humana, salvo la de carácter religioso.
- NP. *Dies nefasti in prima parte diei*. En esos días no le estaba permitido al pretor actuar jurídicamente en la primera parte del día. En cambio, eran considerados fastos en la parte posterior del día. A veces coincidían con festividades públicas.
- EN. *Dies endotercisi (intercisi)*. Eran días promiscuos. En la parte primera de la jornada y en la última eran nefastos; y en la media, fastos, esto es, en el espacio de tiempo que duraba la realización de un sacrificio

---

[26] También se aduce el hecho de que en la cultura romana los números pares eran objeto de superstición.

[27] Algunos autores clásicos latinos ofrecen diferentes interpretaciones.

[28] La raíz *fas* encierra la idea de licitud. La palabra latina *fasti* tenía dos acepciones principales. La primera comprendía una relación de los días fastos, esto es, aquéllos en los que era lícito *apud iudicem fari*. La segunda acepción del vocablo remitía a veces a un listado de los magistrados (*fasti consulares*) o bien a la mención de ciertos acontecimientos del año. Incluso en algunas ocasiones la voz aparece empleada como un término sinónimo de *calendarium*.

asociado a este tipo de días. Por esta razón eran llamados *intercisi* («escindidos»). En los calendarios aparece la abreviatura *EN* porque los antiguos romanos (en particular los etruscos,) utilizaban la forma *endo-* en lugar de la preposición *in*.

- *QRFC. Dies quando rex comitiavit fas*. Día en el cual el rey (*rex sacrorum*) puede convocar comicios.
- *QSTDF. Dies quando stercus templi delatum fas*. Día consagrado a limpiar el templo de Vesta de inmundicias, las cuales eran llevadas a una puerta de Roma (*Stercoraria*) para despés ser arrojadas al río Tíber. Este acto tenía lugar el día 15 de junio. Con motivo de este ritual se celebraban numerosas fiestas.

Además de estas siglas, se encuentran otras formas variantes en diversas fuentes:

- *FP. Dies fasti in prima parte diei*. En esas fechas le estaba permitido al pretor actuar jurídicamente en la primera parte del día.
- *FISSI. Dies fissi*. Eran nefastos a excepción del tiempo que duraba la realización de un sacrificio asociado a este tipo de días. Había tres días al año.

Las jornadas descritas eran llamadas *feriae stativae*, esto es, fijas o estacionales en el transcurso del año, pero también era posible establecer otras, determinadas por los pontífices,[29] en cuyo caso eran denominadas *feriae conceptivae*. En la etapa imperial se empezó a utilizar una agrupación de siete días (*septimana, hebdomada*), a partir del siglo II d.C. de manera irregular en lugar del ciclo nundinal.[30] Tales fechas estaban dedicadas a diferentes dioses y su etimología se conserva en algunas lenguas y, particularmente, en las románicas: *Dies Lunae, Dies Martis, Dies Mercurii, Dies Iovis, Dies Veneris, Dies Saturni* y *Dies Solis*. Eran días planetarios.[31] Ambas denominaciones últimas fueron modificadas sectorialmente por los practicantes de otras creencias religiosas: el *Sabbath* judío (Sábado) y el *Dies Domini* o *Dies Dominicus* (Día del Señor) establecido por el cristianismo.

Por último, el calendario romano de esta época estaba esmaltado con numerosas fiestas públicas y juegos de distintos tipos a lo largo de los doce meses. Las efemérides eran múltiples y variadas. En origen, se trataba de ritos contra los maleficios (M), en favor de las labores agrarias (A), en exaltación de las actividades bélicas (G) y en evocación de motivos varios (V). Había también tipos de festejos o hechos conmemorados fijos: AGONALIA (día 9 de enero); CARMENTALIA (días 11 y 15 de enero), etc. También celebraban numerosas exhibiciones y juegos públicos (*ludi*), organizados por el poder político con el fin de satisfacer la afición de las masas por asistir a espectáculos, en algunos casos crueles.[32]

---

[29] Sacerdotes encargados especialmente de la jurisprudencia religiosa.

[30] Esta modalidad se estableció definitivamente en el s. III.

[31] En la lengua inglesa aún se ha mantenido la forma latina de las dos últimas denominaciones.

[32] Estas festividades se fueron incrementado durante la etapa imperial.

Reconstrucción arqueológica de un calendario romano augusteo

El modelo de calendario propuesto, a continuación, como prueba de ensayo, es datable en torno a la segunda etapa del mandato de Augusto. Es decir, estuvo vigente aproximadamente durante los últimos años de la Era de Roma y los primeros de la Era cristiana,[33] según se puede comprobar en el siguiente cuadro recapitulativo.

	Dataciones antes de Cristo			*Dataciones después de Cristo*
Era de Roma	**Era juliana**	**Era hispánica**	**Datación a.C. retrospectiva**	**Era cristiana**
1			753 a.C. Fundación de Roma	
707	**1**		45 a.C. Calendario Juliano	
715		**1**	38 a.C.	
727			27 a.C. Cayo Octavio Augusto, primer emperador	
742			12 a.C. Cayo Octavio Augusto, Pont. Máximo	
750			¿8 a.C. Inicio del Calendario augusteo?	
753			Último año de la Era de Roma	
[754 a.C]				**1** Nacimiento de Cristo 14 † Augusto

Fig. 3: Datación aproximada del calendario romano augusteo

A efectos prácticos, se reproduce el contenido básico de un ejemplar de calendario juliano singular, el cual será objeto de estudio en la presente monografía.[34] El texto de cada mes ha sido transcrito completo con todas las indicaciones de carácter práctico, religioso, festivo, etc. incluidas las llamadas «efemérides» (*M, A, G* y *V*) en el caso de que existan en esa mensualidad (fig. 4).

---

[33] Algunos estudiosos proponen unas fechas concretas: a. 8 a.C.- a. 3 d.C.

[34] Esta reconstrucción textual la he realizado gracias a la edición impresa de una inscripción romana del s. I, hecha por tres beneméritos expertos: Pedro Chacón, Benito Arias Montano y Cristóbal Plantino. Véanse las figuras 17 y 18 del presente estudio.

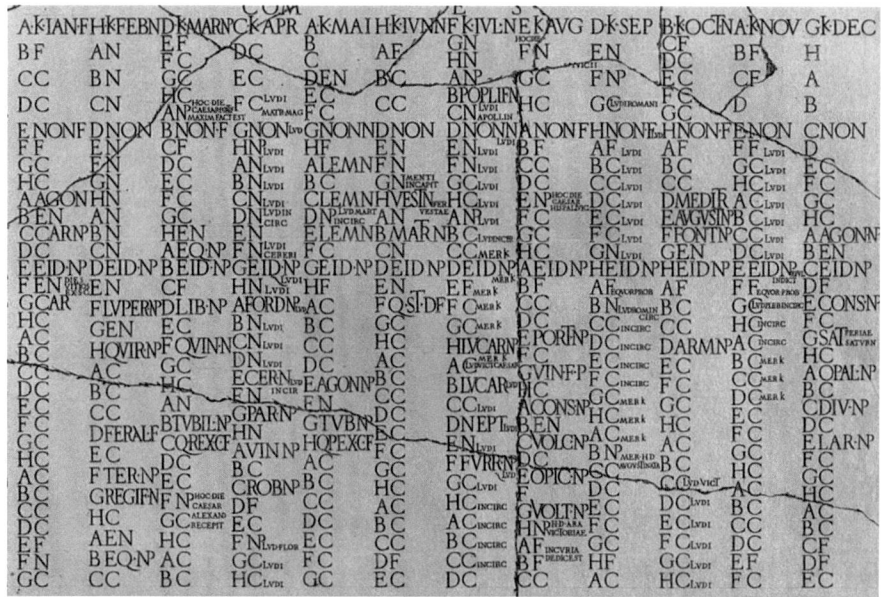

Fig. 4: Calendario augusteo. Detalle. Reproducción impresa por C. Plantino del original marmóreo. Città del Vaticano, BAV, ms. Barb.lat.2154.pt.A, ff. 24r[35]

Las entradas verticales de cada columna marcan el orden progresivo de los días con indicación de los datos ordinarios y extraordinarios propios de esa jornada. Cada columna, formada por dos hileras de siglas, equivale a un mes. Con la finalidad de facilitar la interpretación del contenido expresado en el testimonio estudiado, he reconstruido *in extenso* la totalidad de la caja de composición. En la pieza original figuraba un orden establecido de las entradas horizontales. Dicho orden no lo he observado en lo que respecta a los datos del *Index dierum,* con el propósito de que los distintos componentes del calendario resulten gráficamente más identificables una vez desarrollados.

El sistema compendiario consta de los siguientes elementos mensuales abreviados. Por ejemplo, en la primera entrada de nuestro testimonio marmóreo se lee horizontalmente: *A·K·IAN·F.* La descodificación reza así:

(*A*): «Primer día del período nundinal, en el que permanece abierto el mercado.

(*K*): Esta sigla señala las *Kalendas* o primer día del mes.

(*IAN*): Esta abreviatura se corresponde con el nombre del mes de enero, *Ianuarius,* el primero del ciclo anual.

(*F*): Se trata de una jornada de buen agüero (*fastus*) según el *Index dierum.*

---

[35] Los avatares de esta pieza arqueológica son estudiados en el capítulo: *Un hallazgo arqueológico oportuno.*

1. ENERO

En el mes de enero (*Ianuarius*) se celebraban las siguientes fiestas:

Día 9: *Agonalia* (M). El rito consistía en el sacrificio de un carnero, a modo de hostia propiciatoria, por el *rex sacrorum*. En tiempos antiguos ese animal era llamado *agonium*.

Días 11 y 15: *Carmentalia* (M). La ninfa Carmenta, madre de Evandro, determinaba el destino de los niños.

Día 14: *Dies vitiosus* (M). Era una fecha considerada aciaga por ser la jornada siguiente al Idus, de ahí su nombre.

IANVARIVS

1	A	F	**K**	
2	B	F		
3	C	C		
4	D	C		
5	E	F	**NON**	
6	F	F		
7	G	C		
8	H	C		
9	A	N		*AGONALIA*
10	B	EN		
11	C	NP		*CARMENTALIA*
12	D			
13	E		**EID**	
14	F		*Dies vitiosus ex senatusconsulto*[36]	
15	G			*CARMENTALIA*
16	H	C		
17	A	C		
18	B	C		
19	C	C		
20	D	C		
21	E	C		
22	F	C		
23	G	C		
24	H	C		
25	A	C		
26	B	C		
27	C	C		
28	D	C		
29	E	F		
30	F	N		
31	G	C		

---

[36] Eran considerados días «negros» (*atri*) los posteriores al Idus.

2. FEBRERO

En el mes de febrero (*Februarius*) se celebraban las siguientes fiestas:

Día 15: *Lupercalia* (M). Purificación del territorio y fiesta de la fecundidad.

Día 17: *Quirinalia* (M). Quirino, sobrenombre aplicado a Rómulo.

Días 13- 21: *Feralia* (M). Jornadas dedicadas a los difuntos.

Día 23: *Terminalia* (A). Revisión y santificación de los mojones que señalan los límites de los terrenos. Su dios era llamado Término, de ahí el nombre de la festividad.

Día 24: *Regifugium* (M). Lugar en el que se refugió el rey Tarquino a su marcha de Roma.

Día 27: *Equiria* (G): Fiesta ecuestre en honor del dios Marte.

FEBRVARIVS

1	H	N	**K**	
2	A	N		
3	B	N		
4	C	N		
5	D		**NON**	
6	E	N		
7	F	N		
8	G	N		
9	H	N		
10	A	N		
11	B	N		
12	C	N		
13	D	NP	**EID**	
14	E	N		
15	F	NP		*LVPERCALIA*
16	G	EN		
17	H	NP		*QVIRINALIA*
18	A	C		
19	B	C		
20	C	C		
21	D	F		*FERALIA*
22	E	C		
23	F	NP		*TERMINALIA*
24	G	N		*REGIFVGIVM*
25	H	C		
26	A	EN		
27	B	NP		*EQVIRIA*
28	C	C		

3. MARZO

En el mes de marzo (*Martius*) se celebraban las siguientes fiestas:

Día 1: *Matronalia* (M). Fiesta de las madres.

Día 14: *Equiria* (G): Fiesta ecuestre en honor del dios Marte.

Día 15: *Liberalia* (A): Fiesta de la primavera en honor del dios Liber.

Día 19: *Quinquatrus* (G): Purificación de los ejércitos antes de comenzar las campañas bélicas.

Día 23: *Tubilustrium* (G): Preparación de los instrumentos musicales de viento.

Día 24: *Quando rex comitiavit fas* (QRCF): Esta acción del rey remitía a un día fasto, en el cual era lícito tratar negocios públicos y administrar justicia.

Día 27: César Augusto[37] conquista Alejandría (G).

MARTIVS

1	D	NP	**K**	*MATRONALIA*
2	E	F		
3	F	C		
4	G	C		
5	H	C		
6	A	NP		*HOC DIE CAESAR PONTIFEX MAXIMVS FACTVS EST*
7	B	F	**NON**	
8	C	F		
9	D	C		
10	E	C		
11	F	C		
12	G	C		
13	H	EN		
14	A	NP		*EQVIRIA*
15	B	NP	**EID**	
16	C	F		
17	D	NP		*LIBERALIA*
18	E	C		
19	F	N		*QVINQVATRUS*
20	G	C		
21	H	C		
22	A	N		
23	B	NP		*TVBILVSTRIVM*
24	C	F		*QVANDO REX COMITIAVIT FAS (QRCF)*
25	D	C		
26	E	C		
27	F	NP		*HOC DIE CAESAR RECEPIT ALEXANDRIAM*[38]
28	G	C		
29	H	C		
30	A	C		
31	B	C		

---

[37] El emperador Cayo Octavio es denominado en el calendario bajo los apelativos de César o bien Augusto.

[38] Aulo Hircio (*Aulus Hirtius* + 43 a.C.) fue un político y militar romano, amigo personal de Julio César. Gracias a él se conquistó Alejandría.

4. ABRIL

En el mes de abril (*Aprilis*) se celebraban las siguientes fiestas:

Día 15: *Fordicidia* (A). Sacrificio de una vaca en el Capitolio por cada una de las treinta curias.

Día 21: *Palilia / Parilia*[39] (V). Aniversario de la fundación de Roma.

Día 23: *Vinalia priora* (A). Fiesta de la libación u ofrenda del vino nuevo en honor de Júpiter.

Día 25: *Robigalia* (M). Fiesta solar. Sacrificios de perros cuyo pelaje es de color rojizo.

APRILIS

1	C		**K**	
2	D	C		
3	E	C		
4	F	C		*LVDI MEGALENSES MATER MAGNA* (Seis juegos escénicos y uno circense)
5	G		**NON**	*LVDI*
6	H	NP		*LVDI*
7	A	N		*LVDI*
8	B	N		*LVDI*
9	C	N		*LVDI*
10	D	N		*LVDI CIRCENSES*
11	E	N		
12	F	N		*LVDI CERERI IN CIRCO* (dedicados a la diosa Ceres)
13	G	NP	**EID**	*LVDI*
14	H	N		*LVDI*
15	A	NP		*FORDICIDIA LVDI*
16	B	N		*LVDI*
17	C	N		*LVDI*
18	D	N		*LVDI*
19	E	N		*LVDI CERERI IN CIRCO* (dedicados a la diosa Ceres)
20	F	N		
21	G	NP		<u>*PALILIA*</u> / *PARILIA (fiesta lustral)*
22	H	N		
23	A	NP		*VINALIA PRIORA*
24	B	C		
25	C	NP		*ROBIGALIA (fiesta agrícola)*
26	D	F		
27	E	C		
28	F	NP		*FLORALIA (fiesta dedicada a la diosa Flora)* <u>*LVDI*</u>
29	G	C		*LVDI*
30	H	C		*LVDI*

---

[39] La grafía de este nombre es PARILIA en algunas fuentes. Era la principal fiesta pastoril. Se conmemoraba la fundación de Roma.

5. MAYO

En el mes de mayo (*Maius*) se celebraban las siguientes fiestas:

Día 1: *Compitalia* (M). Fiesta dedicada a los dioses lares.

Día 9-14: *Lemuria* (M). Días dedicados a expulsar los malos espíritus de los fallecidos.

Día 21: *Agonalia* (M). Fiesta en la que se sacrifica a un carnero.

Día 23: *Tubilustrium* (G): Puesta a punto de los instrumentos musicales de viento.

Día 24: *Quando rex comitiavit fas* (QRCF): Esta acción del rey remitía a un día fasto, en el cual era lícito tratar negocios públicos y administrar justicia.

MAIVS

1	A		K	[COMPITALIA]
2	B			
3	C			
4	D	EN		
5	E	C		
6	F	C		
7	G	N	NON	
8	H	F		
9	A	N		LEMVRIA
10	B	C		
11	C	N		LEMVRIA
12	D	NP		LVDI MARTIS IN CIRCO
13	E	N		LEMVRIA
14	F	C		
15	G	NP	EID	
16	H	F		
17	A	C		
18	B	C		
19	C	C		
20	D	C		
21	E	NP		AGONALIA
22	F	N		
23	G	NP		TVBILVSTRIVM
24	H	F		QVANDO REX COMITIAVIT FAS (QRCF)
25	A	C		
26	B	C		
27	C	C		
28	D	C		
29	E	C		
30	F	C		
31	G	C		

6. JUNIO

En el mes de junio (*Iunius*) se celebraban las siguientes fiestas:

Día 1: Festividad de la diosa Carnea en el monte Celio (A).

Día 8: Fiesta dedicada a la diosa Mens en el Capitolio (A).

Día 9: Festejos de la diosa Vesta (A).

Día 11: Diosa Mater, semejante a la Aurora del panteón griego (A).

Día 15: Limpiar el templo de Vesta de inmundicias. Festividad importante (M).

IVNIVS

1	H	N	**K**	[*DIOSA CARNEA IN CAELIO MONTE*]
2	A	F		
3	B	C		
4	C	C		
5	D		**NON**	
6	E	N		
7	F	N		
8	G	N		*DIOSA MENS IN CAPITOLIO*
9	H	N		*VESTALIA. FERIAE VESTAE*
10	A	N		
11	B	N		
12	C	N		
13	D	NP	**EID**	
14	E	N		
15	F	F		*QVANDO STERCVS DELATVM FAS (Q.ST.D.F.)*
16	G	C		
17	H	C		
18	A	C		
19	B	C		
20	C	C		
21	D	C		
22	E	C		
23	F	C		
24	G	C		
25	H	C		
26	A	C		
27	B	C		
28	C	C		
29	D	F		
30	E	C		

7. JULIO

En el mes de julio (*Iulius*) se celebraban las siguientes fiestas:

Día 5: *Populifugium* (M). Tumulto popular disuelto.

Días 14, 16-18, 20: *Merkatus* (A). Festejos en torno a los marcados y los negocios.

Días 19 y 21: *Lucaria* (A). Fiestas de los bosques para proteger a los leñadores de los espíritus malignos de los árboles (A).

Día 23: *Neptunalia* (A). Construcción de cabañas y celebración de Neptuno.

Día 25: *Furrinalia* (A). Antigua diosa de las ferias públicas.

IVLIVS

1	F	N	**K**	
2	G	N		
3	H	N		
4	A	NP		
5	B	NP		*POPLIFVGIVM (POPVLIFVGIVM)*
6	C	N		*LVDI APOLLINARES* (en honor de Apolo. Teatro, carreras de cuadrigas, combates con animales salvajes)
7	D	N	**NON**	*LVDI*
8	E	N		*LVDI*
9	F	N		*LVDI*
10	G	C		*LVDI*
11	H	C		*LVDI*
12	A	NP		*LVDI*
13	B	C		*LVDI IN CIRCO*
14	C	C		*MERKATVS*
15	D	NP	**EID**	*MERKATVS*
16	E	F		*MERKATVS*
17	F	C		*MERKATVS*
18	G	C		*MERKATVS*
19	H	NP		*LVCARIA*
20	A	C		*MERKATVS LVDI VICTORIAE CAESARIS*
21	B	NP		*LVCARIA LUDI*
22	C	C		*LVDI*
23	D			*NEPTVNALIA LVDI*
24	E	N		*LVDI*
25	F	NP		*FVRRINALIA*
26	G	C		*LVDI*
27	H	C		*IN CIRCO*
28	A	C		*IN CIRCO*
29	B	C		*IN CIRCO*
30	C	C		*IN CIRCO*
31	D	C		

8. AGOSTO

En el mes de agosto (*Augustus*) se celebraban las siguientes fiestas:

Día 1: *Caesar vicit Hispaniam* (G). Victorias militares de César en España.

Día 9: *Caesar vicit Hispalim* (G). César conquista la ciudad de Sevilla.

Día 17: *Portumnalia* (A). Festividad del dios Portumno, cuyo templo estaba en las orillas del Tíber.

Día 19: *Vinalia rustica* (A): Fiesta de la libación u ofrenda del vino campestre.

Día 21: *Consualia* (A). Fiestas en honor de Conso, deidad de las ferias públicas.

Día 23: *Volcanalia* (A). Fiestas de las cosechas. Concursos de pesca, etc.

Día 25: *Opiconsiva* (M). Diosa de ese nombre y en cuyo santuario no se puede entrar, salvo las vírgenes vestales.

Día 27: *Voltumnalia* (A). Festividad del dios Volturno.

Día 28: *Ara Victoriae* (G): Día dedicado a conmemorar el altar dedicado a la Victoria de Augusto en Egipto.

AVGVSTVS

1	E	**K**	*HOC DIE CAESAR IN HISPANIA VICIT*
2	F	N	
3	G	C	
4	H	C	
5	A	F	**NON**
6	B	F	
7	C	C	
8	D	C	
9	E	NP	*HOC DIE CAESAR IN HISPALI VICIT*
10	F	C	
11	G	C	
12	H	C	
13	A	NP	**EID**
14	B	F	
15	C	C	
16	D	C	
17	E	NP	*PORTVMNALIA*
18	F	C	
19	G	NP	*VINALIA RVSTICA*
20	H	C	
21	A	NP	*CONSVALIA I*
22	B	EN	
23	C	NP	*VOLCANALIA*
24	D	C	
25	E	NP	*OPICONSIVA*
26	F	¿?	
27	G	NP	*VOLTVMNALIA*
28	H	NP	
29	A	F	*HOC DIE ARA VICTORIAE IN CVRIA DEDICATA EST*
30	B	F	
31	C	C	

9. SEPTIEMBRE

En el mes de septiembre (*September*) se celebraban las siguientes fiestas:

Día 14: *Equorum probatio* (G). Ejercicios de caballería.

Días 20-22: *Merkatus* (A). Festejos en torno a los mercados y los negocios.

Día 23: *Dies natalis Augusti* (V). Fecha de nacimiento del emperador Augusto (23 de septiembre del año 63 a.C.).

SEPTEMBER

1	D		**K**	
2	E	N		
3	F	NP		
4	G	C		*LVDI ROMANI* (grandes juegos: carreras de cuadrigas, procesiones, luchas, teatro).
5	H	F	**NON**	*LVDI*
6	A	F		*LVDI*
7	B	C		*LVDI*
8	C	C		*LVDI*
9	D	C		*LVDI*
10	E	C		*LVDI*
11	F	C		*LVDI*
12	G	N		*LVDI*
13	H	NP	**EID**	
14	A	F		*EQVORVM PROBATIO*
15	B	N		*LVDI ROMANI INCIRCO*
16	C	C		*IN CIRCO*
17	D	C		*IN CIRCO*
18	E	C		*IN CIRCO*
19	F	C		*IN CIRCO*
20	G	C		*MERKATVS*
21	H	C		*MERKATVS*
22	A	C		*MERKATVS*
23	B	NP		*HOC DIE AVGVSTI NATALIS EST*
24	C	C		
25	D	C		
26	E	C		
27	F	C		
28	G	C		
29	H	F		
30	A	C		

10. OCTUBRE

En el mes de octubre (*October*) se celebraban las siguientes fiestas:

Día 11: *Meditrinalia* (A). Fiesta de la vendimia.

Día 12: *Augustalia* (V). Fiesta en honor del emperador Augusto.

Día 13: *Fontinalia* (A): Festejos en honor de las fuentes y pozos.

Día 19: *Armilustrium* (G). Purificación de las armas.

OCTOBER

1	B	N	**K**	
2	C	F		
3	D	C		
4	E	C		
5	F	C		
6	G	C		
7	H	F	**NON**	
8	A	F		
9	B	C		
10	C	C		
11	D			*MEDITRINALIA*
12	E	NP		*AVGVSTALIA*
13	F	NP		*FONTINALIA*
14	G	EN		
15	H	NP	**EID**	
16	A	F		
17	B	C		
18	C	C		*[LVDI VICTORIAE]*
19	D	NP		*ARMILVSTRIVM*
20	E	C		
21	F	C		
22	G	C		
23	H	C		
24	A	C		
25	B	C		
26	C	C		*LVDI VICTORIAE*
27	D	C		*LVDI*
28	E	C		*LVDI*
29	F	C		*LVDI*
30	G	C		*LVDI*
31	H	C		*LVDI*

11. NOVIEMBRE

En el mes de noviembre (*November*) se celebraban las siguientes fiestas:
Día 13: *Epulum indictum* (V). Banquete ¿en honor de Júpiter? en el cual se comen manjares exquisitos en el Capitolio.
Día 14: *Equorum probatio* (G). Ejercicios de caballería.
Días 18-20: *Merkatus* (A). Festejos en torno a los mercados y los negocios.

NOVEMBER

1	A		**K**	
2	B	F		
3	C	F		
4	D			
5	E		**NON**	
6	F	F		*LVDI* (juegos muy antiguos de circo y teatro organizados por los ediles de la plebe)
7	G	C		*LVDI*
8	H	C		*LVDI*
9	A	C		*LVDI*
10	B	C		*LVDI*
11	C	C		*LVDI*
12	D	C		*LVDI*
13	E	NP	**EID**	*EPVLVM INDICTVM*
14	F	F		*EQVORVM PROBATIO*
15	G	C		*LVDI PLEBEI IN CIRCO*
16	H	C		*IN CIRCO*
17	A	C		*IN CIRCO*
18	B	C		*MERKATVS*
19	C	C		*MERKATVS*
20	D	C		*MERKATVS*
21	E	C		
22	F	C		
23	G	C		
24	H	C		
25	A	C		
26	B	C		
27	C	C		
28	D	C		
29	E	F		
30	F	C		

12. DICIEMBRE

En el mes de diciembre (*December*) se celebraban las siguientes fiestas:

Día 11: *Agonalia* (M). El rito consistía en el sacrificio de un carnero, a modo de hostia propiciatoria, por el *rex sacrorum*. En tiempos antiguos ese animal era llamado *agonium*.

Día 15: *Consualia* (A). Fiesta en honor de Conso, deidad de las ferias públicas.

Día 17: *Saturnalia* (A). Fiesta del solsticio de invierno. El dios Saturno facilita que el sol ascienda al cielo.

Día 19: *Opalia* (A): Rogativas en honor de Opi, esposa de Saturno.

Día 21: *Divalia* (A): Diosa Angeronia, cuya festividad se celebra en ese día (*XII Kal. Ian.*)

Día 23: *Larentinalia* (A). Fiestas públicas en las que se conmemoraba a Acca Larentia, esposa de Fáustulo y nodriza de Rómulo y Remo.

DECEMBER

1	G		**K**
2	H		
3	A		
4	B		
5	C		**NON**
6	D		
7	E	C	
8	F	C	
9	G	C	
10	H	C	
11	A	NP	*AGONALIA*
12	B	EN	
13	C	NP	**EID**
14	D	F	
15	E	NP	*CONSVALIA II*
16	F	C	
17	G		*SATVRNALIA. FERIAE SATVRNALIA*
18	H	C	
19	A	NP	*OPALIA*
20	B	C	
21	C	NP	*DIVALIA*
22	D	C	
23	E	NP	*LARENTINALIA*
24	F	C	
25	G	C	
26	H	C	
27	A	C	
28	B	C	
29	C	F	
30	D	F	
31	E	C	

Lectura transversal de un calendario augusteo

El análisis del texto de la inscripción marmórea aquí descrita proporciona un testimonio muy valioso desde el punto de vista de la historia de las mentalidades ya que permite conocer algunos aspectos subsidiarios en lo que respecta al régimen de la vida cotidiana de unas personas que vivieron en Roma a caballo entre dos Eras.

La estructura del calendario responde al modelo juliano, el cual se había implantado en el año 45 a.C., es decir, unos meses antes del asesinato de Julio César. La datación de la pieza estudiada hay que situarla en torno al s. I a.C. *ex.* o d.C. *in.*, en función de su contenido, como ya se ha indicado. El texto de la inscripción ofrece en los correspondientes meses denominados *Quintilis* y *Sextilis* las titulaciones otorgadas a César y a Augusto de manera abreviada: *IVL* y *AVG*. Esta particularidad confirma que la datación del testimonio arqueológico será necesariamente *post quem* respecto de los nombramientos honoríficos establecidos para esos dos meses. Conviene recordar que Cayo Octavio fue denominado también con epítetos encomiásticos durante su mandato, tales como Augusto. Este apelativo fue empleado frecuentemente en lugar del nombre familiar y aparece varias veces en el calendario.

La lectura pormenorizada del listado de las tareas descritas más arriba en el calendario revela la existencia de una tipología de las actividades fijas. El ciclo anual se caracterizaba por una distribución congruente de los meses en dos sectores. El más extenso abarcaba desde marzo hasta octubre inclusive. Este período temporal se caracterizaba por coincidir con el buen tiempo meteorológico. Comprendía las estaciones de la primavera, el verano y el otoño. La climatología favorecía la realización de numerosas actividades al aire libre. Era una época favorable para el ejercicio de la mayoría de las funciones laborales, políticas, festivas, lúdicas e incluso bélicas. El segundo sector se extendía desde el mes de noviembre hasta febrero inclusive. El programa operativo invernal era más limitado por razones obvias.

Si se tiene en cuenta la categoría de cada una de las entradas del calendario, se constata la existencia de un conjunto de costumbres, actividades, ceremonias y actos públicos celebrados de acuerdo con unas reglas estables. Es decir, son aquellas operaciones denominadas *stativae* («estacionales»). Unas eran labores cotidianas, otras, eventos extraordinarios. Por tal motivo, las denominaré «ritos» de manera genérica a todas ellas.

Dentro de la categoría de las actividades estacionales desempeñadas, cabe distinguir varios tipos de asuntos. Quizá un dato significativo de una de esas modalidades sea el elevado número de actividades relacionadas con la agricultura y las labores del campo en general. Este hecho confirmaría que un rasgo idiosincrásico notable de la civilización romana de esta época se basase en su infraestructura rural.

En segundo lugar, hay que tener en cuenta la incidencia de numerosos ritos de carácter apotropaico. La superstición es una creencia extraña a la fe religiosa y contraria a la razón. Son múltiples los hechos que evidencian tal estado de ánimo en parte de la población romana imperial. Se trataba de una relación pragmática con las divinidades y en ningún momento se aprecia un sentimiento de auténtica espiritualidad. El mayor interés de los practicantes residía en evitar los maleficios. Esta dimensión cultural también está relacionada con los espectáculos lúdicos, otro sector de los acontecimientos públicos. El listado que figura en el calendario indica la importancia de este recurso social. Los *ludi* aparecen por doquier desde el mes de abril hasta noviembre por razones de climatología: representaciones teatrales, juegos varios, competiciones, carreras de cuadrigas, luchas de gladiadores, combates con animales salvajes, etc.[40] Respecto de la enorme afición testimoniada hacia los espectáculos públicos, es un hecho que no hay que considerarlo como un signo propio de esta época y etnia. Los asistentes a tales exhibiciones se comportaron simplemente como miembros de una sociedad de masas. Se trata de un asunto manido y que no merece mayor comentario.

Un tercer factor, de enorme importancia, fue la defensa de los territorios poseídos, la conquista de otros ajenos y la expansión de un poder político ejercido más allá de sus fronteras. Roma fue en la época augustea la primera potencia de Occidente. Este hecho histórico generó un estado de guerra permanente. El comienzo de los enfrentamientos bélicos coincidía con el tercer mes del año. Por ello este período estaba dedicado al dios Marte. Las campañas militares concluían o al menos se detenían en el mes de octubre. Este ritmo de lucha era habitual en la época. En las entradas del calendario figura una serie de preparativos en tal sentido. Véase, por ejemplo, las siguientes actividades del mes de marzo:

- Día 14: *Equiria* (G): Fiesta ecuestre en honor del dios Marte.
- Día 15: *Liberalia* (A): Fiesta de la primavera en honor del dios Liber.[41]
- Día 19: *Quinquatrus* (G): Purificación de los ejércitos antes de comenzar las campañas bélicas.
- Día 23: *Tubilustrium* (G): Puesta a punto de los instrumentos musicales de acompañamiento militar.

Las entradas que podrían responder a la modalidad genérica de «temática varia» tratan algunos asuntos que hoy consideraríamos que forman parte de «la razón de Estado». Por ejemplo, la fiesta llamada *Palilia* (V), la cual conmemoraba solemnemente el aniversario de la fundación de Roma; o bien los testimonios relacionados con la figura de mandatarios supremos.[42]

- Día 27 de marzo: *Caesar recepit Alexandriam* (G). César conquista Alejandría.

---

[40] El término *ludi* a secas remite a actividades escénicas de diversos tipos (teatro y anfiteatro). Cuando ese sustantivo va acompañado del sintagma *in circo* indica que se trataba de espectáculos desarrollados en las construcciones de ese nombre y, por tanto, de otra naturaleza.

[41] Era una deidad patrona de los plebeyos de Roma. Su advocación también comprendía la protección de la libertad, el vino y la fertilidad.

[42] Los pasajes dedicados a Julio César en este calendario están justificados por razones familiares y políticas respecto del emperador. Fue tío abuelo de Cayo Octavio Augusto.

- Día 1 de agosto: *Caesar vicit in Hispania* (G). Victorias militares de César en España.
- Día 9 de agosto: *Caesar vicit in Hispali* (G). César conquista la ciudad de Sevilla.

El nombre de Augusto aparece citado en varias ocasiones en el calendario. Se conmemora su fecha de nacimiento en el mes de septiembre: *Dies natalis Augusti* (23 de septiembre del año 63 a.C.). También son registradas algunas campañas militares:

Día 28 de agosto: *Ara Victoriae* (G): Día dedicado a celebrar en el altar dedicado a la Victoria en la *Curia Iulia* el triunfo militar de Augusto en Egipto.

El peso político del gobernante queda refrendado por la institución de unas fiestas públicas en su honor: el día 12 de octubre se celebraban las *Augustalia* (V). Además de esta fecha concreta de ensalzamiento, también se organizaban en ese mismo mes unos importantes juegos públicos que duraban siete días (18 y 26 al 31). Cabe suponer que esas actividades lúdicas respondiesen a la intencionalidad política reflejada en la expresión tópica de *panem et circenses*.

Por último, es preciso recordar que a partir del año 12 (a.C.) Augusto también fue nombrado *Pontifex Maximus*, el cargo más honorable en la antigua religión romana. En resumen, el protagonismo del emperador queda claramente reflejado en este calendario. Se trata de una figura que personificó un momento de gran brillantez política y cultural. En el campo artístico se aprecia un proceso de helenización muy acusado. La magnífica escultura llamada el Augusto de Prima Porta (fig. 5) permite contextualizar esta imagen con la equilibrada y elegante estética que se adivina en la factura material de la inscripción marmórea estudiada.

A través de esta lectura, practicada al bies de los datos sucintos que ofrece la inscripción romana analizada, se puede esbozar un retrato coherente de la sociedad contemporánea que conoció ese modelo. Por un lado, el pueblo romano deja entrever sus raíces vinculadas a la tierra, un temperamento proclive a la superstición, y un pragmatismo vital envidiable. Por otro, queda bien reflejada la figura del primer emperador, objeto de un tratamiento adulatorio, como suele ser habitual en lo que respecta a los gobernantes detentores de un inmenso poderío.

Fig. 5: Augusto de Prima Porta (siglo I).
Città del Vaticano, Museo Vaticano.

Evolución del calendario en el Bajo Imperio

El término «tiempo» es un auténtico dios insoslayable para los seres mortales. El significado de ese vocablo bajo la acepción de gestor de las actividades humanas merece ser estudiado, ya que revela con fidelidad el tipo de civilización de la sociedad en la que se observaba dicho sistema. La forma de distribuir el tiempo urbano refleja las coordenadas que regulan el ritmo vital de una colectividad. A tal efecto, el análisis del calendario vigente en una época determinada proporciona una información panorámica muy significativa. Si se compara el esquema cronológico de un calendario augusteo con un modelo convencional del primer cuarto del s. IV, se observan numerosas variantes.

Las fuentes conservadas de calendarios datables en los tres primeros siglos de nuestra Era son relativamente escasas y confusas, por tanto, es oportuno esbozar un marco histórico y cultural a través de otras vías de conocimiento histórico. A tal efecto, se recurrirá a una figura muy representativa de esta época. El objetivo de este capítulo es sencillo. Solo se pretende comparar el sistema de calendación del s. I con el practicado unos trescientos años más tarde.

Cuando se cuartean las vigas maestras de una edificación, sus muros se arruinan. Este problema arquitectónico también tiene fiel cumplimiento en el campo del sostenimiento de la estructura cultural de una sociedad humana próspera. La civilización romana, tan admirable en muchos aspectos de su desarrollo histórico, inició un proceso de declive que alcanzó velocidad de crucero a comienzos del s. IV. Hay numerosos hechos que prueban la existencia de un fenómeno de contaminación ideológica entre distintos sectores sociales, culturales y religiosos. La evolución del propio calendario en materia de festividades y celebraciones revela una corriente renovadora por parte de los cargos públicos que ejercían el poder.

El símbolo del pez

Los cambios profundos constatados en los medios culturales y sociales del Bajo Imperio también tuvieron su correspondencia en el campo de las creencias. La literatura de la época ofrece numerosos detalles, aparentemente menores, que traslucen cierto desprestigio de la religiosidad de signo pagano. El punto de partida, a título de ejemplo, es un pasaje de Clemente de Alejandría (c. 150-215) en su obra titulada El pedagogo.[43] El texto, en extremo interesante, refleja ciertos hábitos sociales practicados en la Antigüedad tardía. Al tratar del vestuario y de los adornos propios de ambos sexos, el autor indica en qué dedo se debe llevar el anillo y qué motivos se escogerán para su embellecimiento:

> Además, el sello no se caerá fácilmente, por la protección que le depara la propia articulación [de la falange]. Que las figuras grabadas en nuestros sellos sean la paloma, el pez, la nave llevada por el viento, o la lira musical que usó Polícrates, o el áncora de la nave, que llevaba grabada Seleuco en su anillo. Y si alguno es pescador, recordará al apóstol y a los niños sacados del agua. No, no debemos grabar imágenes de ídolos, pues volver la mente hacia ellos está prohibido; ni espada, ni arco, porque nosotros anhelamos la paz (III, 59, 2).

Como se puede observar, algunos de los elementos artísticos recomendados forman parte de una panoplia de asuntos interpretables en clave cristiana y con algunas reminiscencias paganas, propias del contexto cultural de la época. La significación simbólica de los objetos citados y de las personas no ofrece problemas. Uno de ellos consiste en una muestra de combinaciones alfabéticas que originan un acrónimo.[44] En el caso del pez, la imagen de este vertebrado acuático puede remitir a diversos pasajes bíblicos, pero también es posible especular con la posibilidad de que hubiese podido ser utilizado como signo de un código secreto. La grafía del nombre genérico de dicho animal en

---

[43] El texto original fue redactado en griego. Existe una versión al español: Trad. Joan Sarrol Díaz, Madrid: Ed. Gredos, 1988.

[44] *Acrónimo*: Sigla cuya configuración permite su pronunciación como una palabra.

griego es ΙΧΘΥΣ, ya que en esta época solo se conocían las letras mayúsculas. Si se aplica el método de la sigla,[45] el sustantivo equivaldría a una frase que proclamaba la divinidad de Cristo: Ἰησοῦς Χριστός, Θεοῦ Υἱός, Σωτήρ[46] («Jesucristo, Hijo de Dios, Salvador»). El hecho de llevar el diseño de un pez como adorno o de trazar su silueta sobre una superficie sería una forma críptica de indicar la condición de cristiano del portador o autor de la imagen (fig. 6). El empleo de este acrónimo fue desapareciendo gradualmente a partir del s. IV.[47]

Fig. 6: Representación de un pez con técnica musivaria.
Casa de Eustolios. Antiguo emplazamiento romano. Kourion (Chipre).

En resumen, la crisis del Bajo Imperio se tradujo en la creación de algunos grupos elitistas, procedentes de la clase patricia y dispuestos a adoptar nuevos estilos de vida y comportamiento. El ocaso del paganismo se manifestó particularmente en esos sectores de la población a causa de la progresiva degeneración observable en muchos aspectos que hasta entonces habían constituido los fundamentos culturales y políticos de la nación romana como potencia indiscutible. Miembros de esa minoría insatisfecha y un elevado número de personas de condición modesta (servidumbre, libertos y esclavos) se familiarizaron con unas comunidades cristianas *in statu nascentis*. Así se inició un proceso de difusión de una doctrina de nuevo cuño que procedía esencialmente de una religión abrahánica monoteísta. El punto de partida, en torno a mediados

---

[45] Sigla: Abreviación gráfica formada por el conjunto de letras iniciales de una expresión compleja.

[46] Voluntariamente he actualizado el tipo de escritura de la expresión en letras minúsculas, salvo las iniciales, para que se visualice mejor el procedimiento empleado.

[47] Tras la persecución de los cristianos, ordenada por Licinio (a. 320), se respetó a los fieles de esta religión. Quizá la tolerancia practicada pudo incidir en el abandono del uso críptico de la figura del pez como signo de pertenencia a una creencia concreta.

del s. I d.C., se basaba en la vida y enseñanzas de Jesús de Nazareth. El análisis de los calendarios permite especular sobre la semántica histórica de ese fenómeno cultural a través del grado de implantación de una religión monoteísta cristiana durante el Bajo Imperio. El calendario es un testigo de excepción.

Una figura ambigua

El concepto de hombre de Estado es aplicable a la persona que goza de una aptitud reconocida para dirigir los asuntos rectores de una nación. La valoración histórica de Constantino (*c.* 272-337) a este respecto es problemática. Su victoria sobre Majencio en las inmediaciones del puente Milvio (28 de octubre de 312) fue un hecho real documentado. En cambio, su conversión al cristianismo no está testimoniada de manera clara. Tal vez su adhesión a una nueva creencia fuese de carácter utilitario, en aras de conseguir el poder político. También conviene puntualizar que el Edicto de Milán (febrero de 313) no declaró el cristianismo como única religión del Imperio, simplemente se autorizó, en la parte dispositiva del documento, la práctica de ciertos cultos. Dos años más tarde se erigió un magnífico arco triunfal en honor del emperador victorioso. En la correspondiente inscripción no se menciona la religión cristiana. Tampoco aparece representada la emblemática relacionada con la leyenda transmitida por Lactancio y Eusebio de Cesarea. La transcripción y la traducción del texto epigráfico son como siguen:

IMPERATORI· CAESARI· FLAVIO · CONSTANTINO MAXIMO
PIO· FELICI· AVGVSTO· S· P· Q· R·
QVODINSTINCTVDIVINITATISMENTISMAGNITVDINECVMEX
ERCITVSVOTAMDETYRANNOQVAMDEOMNIEIVSFACTIONEV
NOTEMPOREIVSTISREMPVBLICAM
VLTVSESTRMISARCVMTRIVMPHISINSIGNEMDICAVIT[48]

El Senado y el Pueblo de Roma han dedicado este insigne arco, en memoria de sus triunfos, al emperador César Flavio Constantino, el más grande, pío y afortunado Augusto, porque él, inspirado por la divinidad y por la grandeza de

---

[48] En la trascripción del texto he señalado la *media distinctio* en la parte formularia abreviada. Como en el resto de la inscripción no figura este recurso, se ha reproducido en *scriptio continua*:

IMP · CAES · FL · CONSTANTINO · MAXIMO
· P · F · AVGVSTO · S · P · Q · R
QVODINSTINCTVDIVINITATISMENTIS
MAGNITVDINECVMEXERCITOSVO
TAMDETYRANNOQVAMDEOMNIEIVS
FACTIONEVNOTEMPOREIVSTIS
REM PVBLICAMVLTVSESTARMIS
ARCVMTRIVMPHISINSIGNEM DICAVIT

su mente, ha liberado el estado del tirano y de todos sus seguidores al mismo tiempo, con la ayuda de su ejército y de todos sus partidarios solo por la fuerza de las armas.

Fig. 7: Roma. Arco de Constantino (a. 315). Plaza del Coliseo

Fig. 8: Roma: Arco de Constantino (a. 315). Detalle. Plaza del Coliseo

Tras esta breve presentación de la imagen de Constantino I, es conveniente mencionar un aspecto de su vida que está vinculado a una serie de hechos, en parte legendarios, que le han granjeado una enorme popularidad. Esta faceta de su personalidad es la que voy a tratar prioritariamente por razones de la línea de investigación aquí practicada, lo cual no presupone que subestime el resto de su devenir biográfico. En realidad, se puede considerar que supo aprovechar al máximo las circunstancias políticas sobrevenidas y sacar de ellas el mayor beneficio posible en gran parte de sus actuaciones. Demostró su habilidad en todos los campos, incluidos los familiares.[49] La versatilidad de su comportamiento como mandatario queda reflejada en la simbólica desarrollada por él durante su gobierno con la finalidad de atraer a su causa grupos sociales e ideologías de nuevo cuño. A título de prueba de esta afirmación, se describirán algunos hechos que confirman la ambigüedad política reinante en una época de transición a una nueva situación histórica.

El símbolo del crismón

La escritura alfabética es un medio de comunicación susceptible de transmitir todo tipo de mensajes. En la presente ocasión se va a destacar, entre sus aplicaciones, una que desvela una intencionalidad política por parte del usuario del sistema. Un ejemplo destinado a tener un largo recorrido es el símbolo del crismón. La definición del *DRAE* de este término reza así: «Vocablo formado por la unión de elementos de dos o más palabras, constituido por el principio de la primera palabra y el final de la última». Se trata, pues, del empleo de un acrónimo. En este caso se utilizó el principio de la segunda palabra en lugar de la parte final de la misma. El vocablo resultante fue denominado en latín medieval: *chrismon,* término formado a partir de la expresión **Chris***ti* **mon***ogramma* («monograma de Cristo», «crismón»). El origen histórico de esta acuñación es narrado por dos escritores relacionados con la figura de Constantino I. El primero es Lucius Caecilius Firmianus Lactantius (*c.* 240 –*c.* 320). Este autor fue consejero del emperador y preceptor de Crispo, hijo del mandatario. Ejerció una gran influencia en el desarrollo de la política religiosa oficial. En su obra titulada *De mortibus persecutorum,*[50] de carácter apologético, trata de pasada, un hecho anecdótico protagonizado por

---

[49] Existe una copiosa bibliografía a la cual remitimos. Brown, Peter, *The Rise of Christendom.* Oxford, Blackwell Publishing, 2003, 2nd edition; Jones, A.H.M.; Martindale, J.R.; Morris, J. (1971), «Fl. Val. Constantinus 4» en *Prosopography of the Later Roman Empire I.* Cambridge University Press. pp. 223-224; Stark, Rodney, *The Rise of Christianity: A Sociologist Reconsiders History.* Princeton: Princeton University Press, 1996; Stark, Rodney, *One True God: Historical Consequences of Monotheism.* Princeton: Princeton University Press, 2003.

[50] *Liber ad Donatum confessorem. De mortibus persecutorum,* 44. CSEL, vol. 27. Se conserva un solo ms.: Paris, BnF, ms. lat. 2627. Fue descubierto por Étienne Baluze, competente bibliotecario de Jean Baptiste Colbert (1679). Existe una versión de esta obra traducida al español: *Sobre la muerte de los perseguidores.* Trad. Ramón Teja, Madrid: Ed. Gredos, 1982.

Constantino: el cumplimiento de una acción recomendada al gobernante mientras dormía. El breve pasaje de nuestro interés dice así:

> Constantino fue aconsejado, mientras dormía, que grabase un signo celestial de dios en los escudos [de sus tropas] y de esta guisa entablase el combate. Él obró como se le indicaba y puso en los escudos, a modo de monograma de Cristo, una letra *X* sobre un vástago con la parte superior redondeada.[51] El ejército, armado con este signo empuñó las armas.[52]

El suceso narrado en esta versión describe un sueño tenido por el estadista en la víspera de su enfrentamiento con Majencio. Al día siguiente, la lucha se desarrolló a la altura del puente Milvio. La señal percibida consistía en un monograma formado por dos letras griegas mayúsculas enlazadas: una *X* apoyada sobre el asta de una *P*.[53] Evidentemente la fusión de ambos caracteres remitía al nombre de Cristo abreviado: *ΧΡΙΣΤΟΣ*. El cumplimiento de la acción recomendada durante su reposo nocturno fue la causa de su victoria según explica Lactancio.

La segunda fuente coetánea que transmite un episodio de corte parecido se debe a la pluma de Eusebio de Cesarea (*c.* 263-339), el cual fue educado por el presbítero Pánfilo en la misma escuela y biblioteca fundada por Orígenes (*c.* 184-*c.* 253). Se le considera el promotor de la historiografía eclesiástica. A él se debe el establecimiento de una cronología hasta el año 323. Fue obispo de su ciudad natal palestina.[54] Desde el punto de vista teológico fue origenista y, en cierta medida, filoarrianista. En sus escritos se muestra contrario a la veneración de las imágenes. Eusebio encarna un tipo de prelado oficioso. Mantuvo cierta relación con el emperador Constantino, no solo por su erudición, sino sobre todo por su actividad como mediador durante la controversia arriana. En el año 335 pronunció un discurso en Constantinopla con motivo del aniversario del ascenso del emperador a la máxima magistratura. Asimismo, compuso otros

---

[51] Esto es, sobre la letra mayúscula griega *P* (*rho*).

[52] Se amplía el texto original de la cita para poder captar mejor su sentido: [44] *Iam mota inter eos fuerant arma civilia. Et quamvis se Maxentius Romae contineret, quod responsum acceperat periturum esse, si extra portas urbis exisset, tamen bellum per idoneos duces gerebatur. 2 Plus virium Maxentio erat, quod et patris sui exercitum receperat a Severo et suum proprium de Mauris atque Gaetulis nuper extraxerat. 3 Dimicatum, et Maxentiani milites praevalebant, donec postea confirmato animo Constantinus et ad utrumque paratus copias omnes ad urbem propius admovit et a regione pontis Mulvii consedit. 4 Imminebat dies quo Maxentius imperium ceperat, qui est a.d. sextum Kalendas Novembres, et quinquennalia terminabantur. 5 Commonitus est in quiete Constantinus, ut caeleste signum dei notaret in scutis atque ita proelium committeret. Facit ut iussus est et transversa X littera, summo capite circumflexo, Christum in scutis notat. Quo signo armatus exercitus capit ferrum. Procedit hostis obviam sine imperatore pontemque transgreditur, acies pari fronte concurrunt, summa vi utrimque pugnatur.*

[53] El tratamiento gráfico de los dos signos alfabéticos ofrece una disposición rectilínea en la versión de Lactancio. En otros testimonios predomina la forma aspada (Χιαζομένου τοῦ ρ κατὰ τὸ μεσαίτατον).

[54] Naissus (Serbia).

escritos panegíricos, entre ellos una semblanza biográfica llamada *Vita Constantini*,[55] una obra menor, de tipo encomiástico.

Tanto la ideología de este autor como la veracidad de sus juicios sobre el augusto gobernante han sido objeto de severas críticas por muchos especialistas. Remito a la enjundiosa *Introducción* elaborada por Martín Gurruchaga para su edición en español de este texto.[56] En esta ocasión tan solo pretendo comentar la versión ofrecida por Eusebio de la *vexata quaestio* relativa al origen del monograma constantiniano.[57] El obispo dedica a este asunto varios párrafos en su obra,[58] a diferencia del breve tratamiento otorgado por Lactancio en su texto ya citado. En esos fragmentos se describe de manera resumida la visión de Constantino y la reacción de su ejército respecto de un objeto insólito aparecido en el cielo. Las principales fases del relato son:

- Constantino desea vencer a Majencio y libertar Roma (¶ 26).
- El emperador critica el politeísmo e inicia la búsqueda de un nuevo dios protector (¶ 27)
- de una religión paterna sin identificarla (¶ 28).
- Petición de ayuda al dios desconocido. Visión de un objeto portentoso en el cielo (¶ 28).
- Aparición de Cristo durante el sueño, quien le ordena reproducir el objeto visionado ya que le proporcionará la victoria sobre el enemigo (¶ 29).
- Fabricación de un modelo según la figura vista en el cielo (¶ 30).
- Descripción pormenorizada del objeto construido (¶ 31).
- Constantino procura ser informado sobre la naturaleza de ese poder ignorado por él y reconoce finalmente la intervención directa de un dios (¶ 32).

Eusebio ha hilado muy fino a la hora de narrar unos hechos de gran trascendencia política. Su prosa fluye caudalosamente y sortea toda clase de obstáculos con gran habilidad, de tal manera que, a la postre, el lector no sabe de manera explícita[59] el nombre de la religión aludida ni tampoco encuentra una argumentación teológica del fenómeno descrito. Se trata de una ambigüedad calculada, de ahí la conveniencia de reproducir el texto original traducido.[60]

---

[55] Eusebio de Cesarea, *Enchiridion fontium Historiae Ecclesiasticae Antiquae*, col. Konrad Kirch, 1941, pp. 457-467. El texto original fue redactado en griego. La obra está dividida en cuatro libros. Fue traducido al francés por Robert Estienne y editado en París en 1544.

[56] Eusebio de Cesarea, *Vida de Constantino*. Trad. Martín Gurruchaga, Madrid: Ed. Gredos, 1994. Los textos aquí citados proceden de esta edición, salvo leves modificaciones gramaticales mías.

[57] La ayuda celestial proporcionada a este emperador aparece vinculada a su victoria sobre Majencio en las inmediaciones del puente Milvio (28 de octubre de 312) en las dos fuentes aquí citadas.

[58] Libro I, 26-32.

[59] En ningún momento se menciona un término relacionado con el cristianismo.

[60] Lo he insertado al final de este capítulo junto con un cronograma de la época.

A modo de prueba, expresaré algunos breves juicios críticos. En primer lugar, Eusebio subraya desde una óptica providencialista cristiana la intervención de Dios en el acceso al poder de Constantino:

> [24] De este modo, Dios, que es el rector del universo entero, escogió directamente a Constantino, vástago de tal padre,[61] como príncipe y conductor de todos, de suerte que, mientras los demás fueron investidos de la dignidad por criterio ajeno, ningún ser humano pudo jamás jactarse de haber promocionado a este emperador.

A continuación, hace un encendido elogio de la visión política de su biografiado y, al tiempo, justifica su decisión de alzarse contra los que pretendían detentar en Roma un poder considerado despótico:

> [26] Dado que, además, [Constantino] concebía todo el globo terráqueo como un gran cuerpo, como viera que precisamente la cabeza de este gran todo [Roma], la ciudad reina del Imperio romano, hallábase rendida a una tiránica servidumbre, […] comenzó a prevenir todo lo que conducía a la liquidación de la tiranía.

Tras estas premisas el autor desarrollará los motivos que indujeron a Constantino a cuestionar la validez de los dioses venerados en el paganismo y a plantearse la necesidad de buscar un nuevo dios protector. Después de muchas cavilaciones, el emperador llegó a la conclusión de que solamente había que honrar al dios de su padre.[62] Mientras que lo invocaba con oraciones, sucedió un hecho portentoso. A partir de este punto se describe el suceso:

> En las horas meridianas del sol, cuando ya el día comienza a declinar, dijo [Constantino] que vio con sus propios ojos, en pleno cielo, superpuesto al sol, un trofeo en forma de cruz, construido a base de luz, y al que estaba unido una inscripción que rezaba: «Con esto se vence». El pasmo por la visión sobrecogió a él y a todo el ejército, que lo acompañaba en el curso de una marcha y que fueron espectadores del portento.

Esta visión se produce en estado de vigilia. La importancia concedida al astro rey ha sido interpretada como un acto de heliolatría. El culto del *Invictus solis* alcanzó gran desarrollo y fue considerado una deidad desde el emperador

---

[61] Constancio I Cloro (*c.* 250-306). Fue miembro de la primera tetrarquía instaurada por Diocleciano. Ejerció en calidad de césar y posteriormente como augusto o emperador (293-306).

[62] En ningún momento se indica que el progenitor fuese cristiano. No hay datos históricos que confirmen esta profesión de fe, pero quizá esta filiación religiosa es deducible por el contexto.

Aureliano (274)[63] junto con otras tradiciones romanas. De esta creencia parte toda una imaginería solar.

Fig. 9: El sueño de Constantino.
San Gregorio Nacianceno, Homiliae (s. ix). Paris, BnF, ms. Grec 570, f. 440r.

Eusebio manifiesta que el propio emperador le relató el hecho mucho tiempo después. El objeto visto era cruciforme y ostentaba una inscripción que prometía la victoria si se llevaba ese emblema. La lengua del texto original era el griego, por ello, la expresión literal dice: Ἐν τούτῳ νίκα («La victoria reside en esto»). Esta frase fue traducida al latín como: *In hoc signo vinces* («Con esta señal vencerás»). Tal versión gozó de enorme popularidad y llega hasta nuestros días. La visión diurna se completó con un sueño:

> Llegada la noche, vio a Cristo, hijo de Dios, con el signo que apareció en el cielo y le ordenó que, una vez elaborada una imitación del signo observado en el cielo, se sirviera de él como de un bastión en las batallas contra los enemigos.

---

[63] Desde esta época el magistrado supremo fue considerado por definición un *Invictus solis*. Su festividad se celebraba el día 25 de diciembre.

A la mañana siguiente Constantino ordenó la fabricación del objeto soñado. La descripción literal es como sigue:

> Una larga asta revestida de oro disponía de un largo brazo transversal colocado a modo de cruz; arriba, en la cima de todo, se apoyaba sólidamente entretejida una corona, a base de preciosas gemas y oro, sobre la cual dos letras, que indicaban el nombre de Cristo, connotaban el símbolo de la salvífica fórmula, abreviatura formada por dos de los primeros caracteres [griegos de la palabra]: una *rho* y una *ji* fusionadas a media altura del vástago.

Los hechos narrados por Lactancio y Eusebio de Cesarea presentan un denominador común. En ambos testimonios interviene el sueño, bajo su forma de *óneiros*.[64] El estado hípnico favorece la visión de sucesos o imágenes que se representan en la mente de alguien mientras duerme. El significado de este fenómeno psíquico-fisiológico ha sido objeto de múltiples interpretaciones en todas las culturas, por ello es normal que se le haya atribuido un carácter profético, tanto en el paganismo como en religiones monoteístas. Los graves problemas políticos que agobiaban a Constantino provocaron de manera natural que su mente concibiera una escena a modo de «mitema» hípnico. La descripción de los hechos ya ha sido narrada: el emperador y su ejército observaron un objeto extraño en el cielo. En la noche siguiente Constantino tuvo una visión onírica que le aconsejaba reproducir ese objeto y llevarlo consigo en la batalla. La puesta en práctica del mensaje recibido surtió efecto y se alcanzó la victoria.[65]

Las fuentes literarias citadas narran unos hechos a mitad de camino entre imágenes oníricas y visiones en estado de vigilia, pero también hay que considerar que ambos autores eran cristianos y, en consecuencia, ofrecen una interpretación de los fenómenos sucedidos en clave de sus respectivas creencias.

El contenido textual legendario dio lugar a una plasmación visualizada de un objeto simbólico de carácter caligramático, que traspasó los límites de su origen tradicional y se convirtió en un monograma cristiano que llega hasta nuestros días. Quizá la representación más antigua conservada del monograma sea la que se haya acuñada en una moneda de plata (a. 315). El retrato de Constantino I, vestido con armadura, aparece ataviado con un sofisticado casco que muestra en la parte superior un pequeño símbolo, a modo de emblema: una *rho* y una *ji* fusionadas a media altura del vástago (fig. 10).

---

[64] Artemidoro de Éfeso, *La interpretación de los sueños*. Trad. Elisa Ruiz García, Madrid: Ed. Gredos, 1989.

[65] La visión onírica directa comprende aquellos sueños cuyo contenido son elementos realmente vividos en la vigilia. Sus efectos se corresponden con las imágenes percibidas en el sueño. Los significados se resuelven en las horas sucesivas. Sigmund Freud calificó este tipo de experiencia hípnica de «residuos diurnos».

Fig. 10: Moneda de plata acuñada en Pavía (Tesino). Primera reproducción conocida del monograma cristiano (a. 315). Munich, Staatliche Münzsammlung.
Leyenda: IMPCONSTANT /INVSPFAVG = IMPERATOR CONSTANT/INVS PIVS FELIX AVGVSTVS.

El tratamiento fisonómico del rostro y la forma de los ojos desorbitados responden al modelo estético predominante en los retratos de las primeras décadas del s. IV. Esta corriente artística es un claro indicio de un fenómeno generalizado de decadencia del canon escultórico romano. Compárese esta imagen con la figura de Augusto.

El monograma aspado se convirtió en un motivo artístico parlante. El magnífico sarcófago de la Pasión muestra una escena con los guardianes del sepulcro de Cristo antes de la Anástasis o Resurrección.

Con el paso del tiempo el significado del crismón evolucionó. El amparo divino consistía en la representación material de una sigla que debería ser enarbolada en los escudos de los combatientes. Esta emblemática poseería un poder talismánico: sería un *phylaktérion*, de carácter apotropaico, es decir, la presencia del monograma, por su valor mágico, alejaría el mal y proporcionaría la victoria. La utilización de este símbolo taumatúrgico, dotado de poderes, se convirtió primero en un estandarte imperial y finalmente en una seña de identidad del cristianismo.[66]

---

[66] Eric Robertson *Dodds, Los griegos y loirracional*. Madrid: Alianza Editorial, 1986, p. 88.

Fig. 11: Sarcófago de la Pasión o Anástasis. Detalle (*c.* 325-350).
Città del Vaticano, Museos Vaticanos. Museo Pio Cristiano, inv. 28591.

Eusebio completa su narración del símbolo cruciforme con la indicación de que se reprodujese sobre la superficie del estandarte romano, un rico paño cuadrangular, recamado en oro y engastado con piedras preciosas. En el campo del mismo estaría representado el busto del emperador y de sus hijos. Estas líneas corroboran la elaboración de un lábaro ornamentado con esta emblemática en lugar del águila jupiterina propia de la enseña imperial tradicional y de los ejércitos romanos.[67] El nuevo modelo sustituyó un culto ancestral:

> Una tela colgaba suspendida del brazo horizontal, el cual atravesaba el asta. Era un paño de categoría regia, cubierto con una variada gama de piedras preciosas incrustadas. Todo iba recamado con oro y ofrecía a los que lo veían un espectáculo de indescriptible belleza. Este paño, fijado al brazo horizontal, tenía simétricas dimensiones a lo largo y a lo ancho. El asta

---

[67] La sigla *SPQR* había simbolizado secularmente la grandeza política del estado romano. A partir de estos años dejó de ser utilizada, hecho muy significativo.

vertical alcanzaba una gran largura desde la base hasta lo alto. Debajo del trofeo de la cruz y hasta los mismos bordes del paño, llevaba la efigie áurea del emperador, hasta el pecho, y la de sus hijos en relieve [...]. El emperador se sirvió ininterrumpidamente de este signo salvífico como salvaguarda de cualquier potencia hostil que se le opusiera, y ordenó que objetos similares a ese fueran puestos al frente de sus ejércitos. Mas esto fue un poco más tarde.[68]

Fig. 12: As de Constantino I (a. 327). Moneda de la serie *Spes Publica*.
Lábaro coronado con el crismón.
El asta lancea una serpiente. Alusión a la derrota de Licinio en año 324.

Aunque el siguiente testimonio no esté relacionado directamente con la figura de Constantino, se incluye aquí porque la asunción del valor político del crismón y el alcance de su difusión quedan manifiestos en una moneda acuñada por el emperador Magnencio, natural de la Galia. Fue comandante de las unidades de la guardia imperial y se autoproclamó emperador (350-353). En el reverso de la pieza numismática se encuentra una elegante versión del monograma, el cual aparece completado con las letras convencionales griegas alfa y omega. El significado metafórico de estas dos letras es muy claro. La idea de eternidad es expresada verbalmente en la *Apocalipsis* de Juan en tres pasajes: 1, 8: *Ego sum A et Ω, principium et finis, dicit Dominus Deus, qui est, et qui erat et qui venturus, omnipotens* («Yo soy el alfa y la omega, dice el Señor Dios, el que es y era y ha de venir, el soberano de todo»).[69] En cualquier caso, resulta digno de comentario subrayar el cambio de significado operado en el espacio de unas décadas. El emperador Magnencio utilizó un mitema religioso ya transformado en un emblema político sin ninguna connotación cristiana.

Durante siglos la naturaleza de Cristo fue objeto de profundas controversias en las comunidades cristianas, originándose posiciones heréticas varias. La combinación de cuatro letras griegas de distinta procedencia, (*X* y *P*, por un lado, y *A* y *Ω*, por otro) originó una fórmula simbólica que proclamaba una posición dogmática hipostasiada de la segunda persona de la Trinidad a

---

[68] Eusebio de Cesarea, *Vita Constantini*, I, 31.

[69] Sobre la autenticidad de este versículo y su significado hay disparidad de opiniones. Otras citas 21, 6 y 22,13.

través del distintivo acuñado. La temprana fecha de la moneda testimonia que dicha argumentación teológica ya circulaba en algunos medios eclesiales. Por supuesto, la presencia de esta emblemática trasluce un intento del emperador Magnencio por atraer a su causa las comunidades cristianas de la parte occidental del Imperio. Fracasó en su propósito ya que fue vencido por Constancio II, último descendiente de Constantino I.

Fig. 13: Efigie del emperador Magnencio. *Nummus cententionalis* (*Maiorin*a)
Crismón flanqueado por la primera y última letras del alfabeto griego: A-Ω.
Colección particular
Anverso: DOMINVS NOSTER MAGNEN / TIVS PIVS FELIX AVGVSTVS (350-353)
Reverso: SALVS DOMINORVM NOSTRORVM AVGVSTORVM ET CAESARVM[70]
Exergo: Ceca AMB

La imagen del reverso de la moneda de Magnencio presenta un modelo de símbolo teológico visual que aún sigue vigente. A título de ejemplo, se reproduce una espléndida versión del monograma en un ms. de mediados del s. XI (fig. 14). Las dos letras griegas *X* y *P* han sido transformadas en una original cruz patada. De los brazos horizontales penden las iniciales apocalípticas *A* y *Ω*.

Todo este conjunto icónico está enmarcado por cuatro palabras clave: *PAX, LVX, REX* y *LEX*. Las dos primeras, situadas en un plano celestial, remiten a los efectos propios de la acción divina; las dos restantes, escritas al pie, aluden tácitamente al poder político del rey Fernando I de Castilla y confirman la profesión cristiana del monarca. La imagen, de inspiración geométrica, despliega un mensaje que unifica simbólicamente el reconocimiento del Dios cristiano y el programa político del rey. En la banda inferior seis músicos con cítaras entonan un «cántico nuevo» en honor del Cordero místico,[71] representación zoomórfica estereotipada que se difundirá por doquier de manera tópica a partir de la Edad Media.

---

[70] Magnencio había ostentado previamente el cargo de Augusto y su hermano Decencio, el de César.

[71] Este diseño no es original, hay otros precedentes. Se trata de un tema simbólico descrito por primera vez en el *Apocalipsis* (5, 9 y 14, 3).

El proceso evolutivo narrado del crismón refleja el fenómeno de ósmosis que se produjo entre el poder político tradicional y el advenimiento de nuevas corrientes sociales y religiosas en la etapa final del Bajo Imperio. Estos motivos caligramáticos, elaborados en el s. IV triunfaron y, de hecho, siguen vigentes hasta nuestros días como emblemas cristianos.

Fig. 14: *Comentario al Apocalipsis de Fernando I y doña Sancha* (1047). Frontispicio. Madrid, BNE, ms. Vitr. 14-2, f. 6v.

Cronograma (s. III-IV)

c. 240 – *c.* 320: Lucius Caecilius Firmianus Lactantius.

c. 260-265: Nacimiento de Eusebio de Cesarea y de Arrio.

c. 272: Nacimiento de Constantino I.

305 Constancio I Cloro, padre de Constantino I, es designado emperador.

306 Constantino I es proclamado emperador por sus tropas *c.* 272-337.

312 Constantino I invade Italia y vence a Majencio.

c. 313 Eusebio de Cesarea es nombrado obispo de Cesarea (Palestina).

324 Constantino I se convierte en monarca absoluto del Imperio tras su victoria sobre su cuñado Licinio.

325 Concilio de Nicea.

337 Muere el emperador en un suburbio de Nicomedia. Fue bautizado en su lecho de muerte por el obispo arriano Eusebio de Nicomedia. Eusebio de Cesarea comienza la redacción de la *Vita Constantini*.
c. 339 Muerte de Eusebio de Cesarea. Le sucede en el episcopado su discípulo Acacio, quien ultimará la obra que había quedado sin revisar por el autor (340-341).

Eusebio de Cesarea, *Vita Constantini I*, caps. 27-32.

[27] Constantino no dejaba de percatarse de que, dados los maléficos encantamientos mágicos de que se valía el tirano, a él le era precisa una ayuda superior a la estrictamente militar, y buscaba un dios protector, considerando como secundarias la importancia de los ejércitos y la cantidad de soldados (pues, ausente el auxilio de un dios, creía que todo esto no tenía ningún vigor), a la par que confesaba la insuperable e invencible intervención de la cooperación divina. Meditaba, por tanto, a qué clase de dios adherirse, y estando en estas indagaciones, una serie de reflexiones vino a su mente: la numerosísima caterva que antes había llegado al poder, al cifrar sus esperanzas en pluralidad de dioses, y al rendirles culto con libaciones, sacrificios y oblaciones; los más encontraron un final no precisamente feliz, ellos que se dejaron engañar desde un principio con mánticos augurios hermoseados a propósito y que les vaticinaban la fortuna, y ningún dios les asistió propicio para no sucumbir a los embates deparados por el cielo. Solo su padre, emprendiendo una vía opuesta a la de aquellos, había condenado su aberración, solo él había hallado en el dios que está más allá de todas las cosas y a quien honró en el transcurso de toda una vida, al salvador, al guardián del Imperio y al dispensador de todo bien. Él tenía para sí estas cavilaciones, sopesando acertadamente el hecho de que los unos, confiados en la cantidad de dioses, habían caído igualmente en numerosas desventuras, hasta el extremo, no solo de no tener ni familia, ni descendencia, ni raigambre, mas, ni siquiera de dejar el nombre ni el recuerdo entre los hombres; el dios paterno, en cambio, había dado a su padre ostensibles y múltiples pruebas de su poder. Observaba además que los que ya antes habían arremetido contra el tirano, por haberse puesto en orden de combate bajo los auspicios de muchos dioses, cargaron sobre sí con un descalabro ultrajante, pues uno se retiró oprobiosamente del campo, sin entrar en liza, y el otro, degollado en medio de sus huestes, fue fácil presa de la muerte. Parando mientes, pues, sobre todo ello, juzgaba un acto de locura andar en necios tratos con dioses que en modo alguno existen, y descarriarse, después de tan contundentes pruebas. En consecuencia, admitió que solamente había que honrar al dios de su padre. [28] Entonces empezó a invocarlo en sus oraciones, suplicando e impetrando que se le manifestara quién era Él, y que le extendiera su diestra en las circunstancias presentes. Mientras esto imploraba e instaba perseverante en sus ruegos, se le aparece un signo divino del todo maravilloso, al que no sería fácil dar

crédito, si fuera quizá otro el que lo contara, pero si es el emperador victorioso el que mucho tiempo después, cuando fuimos honrados con su conocimiento y trato, nos lo comunicó, ratificando mediante juramento la noticia a nosotros que estamos redactando este relato, quién podría dudar como para no fiarse de lo que referimos, en especial cuando los mismos hechos posteriores establecieron con su testimonio la verdad de lo narrado. En las horas meridianas del sol, cuando ya el día comienza a declinar, dijo que vio con sus propios ojos, en pleno cielo, superpuesto al sol, un trofeo en forma de cruz, construido a base de luz y al que estaba unido una inscripción que rezaba: «Con esto se vence». El pasmo por la visión lo sobrecogió a él y a todo el ejército, que lo acompañaba en el curso de una marcha y que fue espectador del portento. [29] Y decía que para sus adentros se preguntaba desconcertado qué podría ser la aparición. En esas cavilaciones estaba, embargado por la reflexión, cuando le sorprende la llegada de la noche. En sueños vio a Cristo, hijo de Dios, con el signo que apareció en el cielo y le ordenó que, una vez se fabricara una imitación del signo observado en el cielo, se sirviera de él como de un bastión en las batallas contra los enemigos. Levantándose nada más despuntar el alba, [30] comunica a sus amigos el arcano. A continuación, tras haber convocado a artesanos en el oro y las piedras preciosas, se sienta en medio de ellos y les hace comprender la figura del signo que ordena reproducir en oro y piedras preciosas. En cierta ocasión, el mismo emperador, y eso por especial favor de Dios, nos deparó el honor de que lo contempláramos con nuestros ojos. [31] Se elaboró de la siguiente forma: Una larga asta revestida de oro disponía de un largo brazo transversal colocado a modo de cruz; arriba, en la cima de todo, se apoyaba sólidamente entretejida a base de preciosas gemas y oro una corona, sobre la cual dos letras indicando el nombre de Cristo connotaban el símbolo de la salvífica fórmula por medio de los dos primeros caracteres: la *rho* con una *ji* fusionada hacia el medio. Más tarde tomó el emperador la costumbre de llevarlo en el yelmo. Del brazo horizontal, que atravesaba el asta, colgaba suspendida una tela, un paño de categoría regia, cubierto con una variada gama de piedras preciosas cosidas que despedían haces de luz, todo recamado en oro, y que ofrecía a los que lo veían un espectáculo de indescriptible belleza. Este paño fijado al brazo horizontal tenía simétricas dimensiones a lo largo y a lo ancho. El asta perpendicular, que desde la base cobraba una gran largura hasta lo alto, debajo del trofeo de la cruz junto a los mismos bordes del paño, llevaba elevada la áurea efigie hasta el pecho del emperador, y la de sus hijos. El emperador se sirvió ininterrumpidamente de este salvífico signo como salvaguarda de cualquier potencia hostil que se le opusiera, y ordenó que objetos similares a ese fueran puestos al frente de sus ejércitos. [32] Mas fue esto un poco más tarde. En la circunstancia antes descrita, estupefacto por la extraordinaria visión y reconociendo como bueno no reverenciar otro dios que el que había visto, convocó a los iniciados en sus doctrinas y les preguntaba quién era dios y cuál era el sentido del signo que se dejó ver en la visión. Le dijeron que se trataba del Dios hijo unigénito del único y solo

Dios, y que la señal aparecida era símbolo de la inmortalidad y constituía un trofeo de la victoria sobre la muerte, una victoria que Él se ganó cuando otrora vino a la tierra, y le dieron a conocer los motivos de aquella venida, haciéndole una detallada exposición de la economía divina. Él, por su parte, se instruía con aquellas exposiciones, haciendo presa de él el estupor por la teofanía que se le ofrecía ante sus ojos, y cuando comparaba la visión celeste con la interpretación que de la doctrina le explicaban, se reafirmaba en su propósito, convencido de que el conocimiento de aquellos asuntos había ocurrido mediante el directo magisterio de Dios. Y consideró perentorio aplicarse a la lectura de los libros sagrados […].

Cronograma de la etapa imperial

Julio-Claudio (27 a.C. – 68 d.C)
Augusto
Tiberio
Calígula
Claudio I
Nerón
Galba
Otón
Vitelio
Flavios (69-96)
Vespasiano
Tito
Domiciano
Antoninos (96-192)
Nerva (96-98)
Trajano (98-117)
Adriano (117-138)
Antonino Pío (138-161)
Marco Aurelio, sobrino de Adriano (161-180) Lucio Vero (161 coemperador-169)
Cómodo 180-192 (asesinado)
Septimio Severo 193-211
274 El emperador Aureliano convirtió en oficial el culto al *Sol Invictus*, junto a las otras tradiciones romanas. Roma, templo del Sol invencible.
287 Diocleciano y Maximiano Augustos
c. 240 – *c.* 320: Lucius Caecilius Firmianus Lactantius
c. 260-265: Nacimiento de Eusebio de Cesarea y de Arrio.
c. 272-337: Constantino I.
287 Diocleciano y Maximiano Augustos
293 Constancio Cloro es nombrado César de Maximiano
305 Constancio I Cloro, padre de Constantino I, es designado primer augusto.

306 † Constancio. Usurpación de Constantino I, reconocido por Severo, y usurpación de Majencio, hijo de Maximiano.

310 † Maximiano

312 Constantino I invade Italia y vence a Majencio † en Puente Milvio. Constantino se asocia con Licinio como Augusto

c. 313 Eusebio de Cesarea es nombrado obispo de Cesarea (Palestina).

315 Roma, arco de Constantino.

317 Lactancio es llamado por Constantino para educar a su hijo.

320 Licinio persigue a los cristianos.

324 Constantino I se convierte en monarca absoluto: único Augusto. Fundación de Constantinopla.

325 Concilio de Nicea. † Lactancio.

337 Muere Constantino en un suburbio de Nicomedia. Fue bautizado en su lecho de muerte por el obispo arriano Eusebio de Nicomedia. Eusebio de Cesarea comienza la redacción de la *Vita Constantini.*

c. 339 Muerte de Eusebio de Cesarea. Le sucede en el episcopado su discípulo Acacio, quien ultima la obra había quedado sin revisar por el autor (340-341).

354 Calendario del calígrafo Filócalo

360 Juliano el Apóstata proclamado emperador en Lutecia.

361 Juliano rompe definitivamente con el cristianismo.

362 Restablecimiento del culto pagano

366 Dámaso es elegido papa († 384)

379 Teodosio I emperador.

380 Edicto que obliga a todos los súbditos vivir en el cristianismo.

386 Edicto ordenando la destrucción de los templos paganos.

391-392 Condenación del paganismo

395 † Teodosio en Milán. Reparto del Imperio entre sus dos hijos: Honorio Occidente y Arcadio Oriente.

Un hallazgo arqueológico oportuno

La tipología del calendario augusteo y el proceso evolutivo de la sociedad romana a través de la figura del emperador Constantino I han sido descritos en las páginas precedentes. A continuación, se intentará delinear la trayectoria histórica de un modelo cronográfico que llega hasta nuestros días. La herramienta ideada para la medición del tiempo se ha ido acomodando a las directrices genéricas de la sociedad usuaria. Este fenómeno cultural es en extremo significativo porque refleja de manera incontestable los cambios profundos de mentalidad que se van sucediendo con el paso de los años. En el ámbito occidental se observa un deseo de mejorar la estructura del patrón vigente en función de los conocimientos astronómicos y de las nuevas demandas de la sociedad. Esta dinámica ha originado sucesivas reformas del sistema aplicado.

El comienzo del año en el día 1 de enero y la división de dicho período en doce meses fueron medidas cronográficas romanas que se han conservado hasta nuestros días. El sistema de ajuste astronómico juliano, acerca de la duración del año, ha sido perfeccionado a partir de los cambios introducidos en el calendario llamado gregoriano. A finales del siglo XVI el ciclo anual se había fijado en 365 días, 5 horas, 48 minutos y 47 segundos. Esta diferencia respecto del juliano (365 días y 6 horas) era de 11 minutos y 13 segundos por año. Para regular el desfase acumulado, se decidió llevar a cabo un proyecto científico muy riguroso. El resultado de esta operación llegó a feliz término: el papa Gregorio XIII publicó en 1582 la Bula *Inter gravissimas*, por la que se suprimieron tres años bisiestos en cuatro siglos. Igualmente, en dicho calendario gregoriano no se considerarían bisiestos los años que terminasen cada siglo (700, 1300, 2500, etc.), excepto aquellos que fueran divisibles por 400 (400, 800, 1200, etc.). Con esta reforma y con los cálculos vigentes más ajustados, la diferencia entre el calendario gregoriano y el astronómico ha pasado a ser de 24 segundos por año, lo que supone un desfase mínimo de un día cada 3500 años. El establecimiento de un nuevo sistema cronográfico en el siglo XVI fue laborioso y complejo. En la realización de este ambicioso proyecto intervinieron diversos especialistas afamados por sus conocimientos astronómicos y por su erudición en el mundo clásico. El papa Gregorio XIII instituyó una Comisión postridentina para preparar la reforma del calendario siguiendo los acuerdos adoptados durante el concilio de Trento. Tras un año de trabajo, se elaboró un proyecto titulado *Compendium novae rationis restituendi kalendarium. Romae: Apud haeredes Antonii Bladii*, 1572. En la redacción de este enjundioso texto intervino activamente Pedro Chacón,[72] a causa de sus múltiples conocimientos, tanto en cronografía como en las antigüedades romanas.[73]

En 1547 se había descubierto un objeto arqueológico de gran interés. Se trataba de un calendario de la época de Augusto. En torno a las circunstancias que motivaron el descubrimiento de esta inscripción romana, hay diversas

---

[72] En realidad, fue el autor del proyecto sometido y aprobado por las instituciones consultadas. El pontífice le encargó también la redacción de un borrador del Breve que habría de sancionar el nuevo tipo de calendario. Gregorio XIII quedó tan agradecido por su colaboración que le otorgó múltiples prebendas y beneficios económicos por tal motivo. Chacón, dada su sobriedad y moderación, pidió epistolarmente que cesaran tales dones. La respuesta antológica del papa fue: «Que no cerrase la puerta al Espíritu Santo». Madrid, BNE, MSS 1293, f. 189r.

[73] Véase un trabajo clásico: *C. Iulii Caesaris quae exstant: ex nuper viri docti accuratissima recognitione*. Francofurti Marnius / Frankfurt Main 1606. En esta obra se incluye una biografía anónima de Chacón, la cual responde al título: *De vita scriptisque Petri Ciacconi*, pp. 262-265. En el prólogo general de la obra Jungermans considera erróneamente que el autor de la misma era André Schott. El valiosísimo clérigo toledano no ha sido objeto de la atención merecida por investigadores en el plano intelectual y humano. Véase Elisa Ruiz García, «Los años romanos de Pedro Chacón: vida y obras», *Cuadernos de Filología Clásica*, UCM, 10 (1976), 189-247. Otro estudio sobre la estancia en Roma de este investigador se debe a Giacomo Cardinali, «*Qui havemo uno spagnolo dottissimo*». *Gli anni italiani di Pedro Chacón (1570 c.-1581)*. Città del Vaticano: BAV, 2017.

opiniones, por tal razón remito a la explicación expuesta en el tratado clásico del *Corpus Inscriptionum Latinarum*(CIL).[74] En dicho volumen I, hay una entrada que reza así: VI. MAFFEIANI[75] (*inter a.*746 *et* 757). En ese apartado se describe sucintamente las características físicas del testimonio: *Pulcherrima tabula candidissimi marmoris et subtilis, longa* […]. *Calendarium urbanum repertum* 1547. A continuación, se indica que se ignora su lugar de producción y/o hallazgo: *Nemo retulit ac ne hoc quidem certum est tabulam repertam esse in urbe.* Entre diversas noticias dudosas, hay una que afirma que: *Hanc tabulam nunc habet Hieronymus Maffaeus, Romanus, episcopus a secretis ; cardinalis Farnensii.*[76] Se ignora el motivo de la conservación de este resto arqueológico en ese lugar palaciego.[77] Más adelante se perdieron las noticias sobre este ejemplar*: Postea tabula per multos annos videtur latuisse in angulo aliquo domus Farnesianae; cum nemo eam memoret, deinde per annos fere centum et quinquaginta. Nam quod ait Arias Montanus vidisse se Romae a. 1573 hanc tabulam ex multis fragmentis concinnatam, in Capitolii recens restituti muro, a S.P.Q.R. affixam, aperte confudit fastos Capitolinos et triumphales cum his Kalendariis.* Hay un testimonio tardío que afirma que *in hoc anno 1704, mense Iunio, reperta est tabula in Palatio Farnesiano ad campum Florae,*[78] *tutissimo loco, reposita una cum pluribus antiquis inscriptionibus.* El incierto y azaroso historial de la inscripción ha quedado salvaguardado parcialmente en la actualidad gracias a la adquisición de este valioso objeto arqueológico por el Museo Capitolino, donde ahora está depositado el único fragmento conservado. Debido a que el título que encabeza la descripción de la pieza en el *CIL* responde al nombre de VI. MAFFEIANI, así figura mencionada en la escasa bibliografía existente sobre ella, a mi parecer, sería más oportuno denominar este testimonio *Calendarium Farnesianum,* en función de su lugar de permanencia más prolongado,[79] o bien *Calendarium Augusteum* ya que es datable en tiempos del primer emperador de Roma, según el análisis realizado en estas páginas. Por tal motivo denominaré «calendario augusteo farnesiano» a esta pieza en el presente trabajo con la finalidad de distinguirla de otros calendarios del s. I ya que la titulación VI. MAFFEIANI resulta ambigua por ser aplicada a testimonios diversos.

---

[74] Theodor Mommsen y Wilhelm Henze, eds. Berolini: Apud G. Reimerum, 1863, vol. I., pp. 303-309.

[75] En alguna otra cita se ha añadido el sustantivo Fasti.

[76] Este eclesiástico fue abbreviator de Curia en 1591.

[77] Véanse, por ejemplo, las noticias transmitidas en el ms. Cod. Vat. 6034.

[78] En la actualidad, el imponente Palazzo Farnese se alza, en efecto, en el Campo de' Fiori.

[79] El papel desarrollado por *Hieronymus Maffaeus*, obispo *a secretis* del cardenal, fue quizá coyuntural.

Fig. 15: Vecellio Tiziano, *Retrato del cardenal Alejandro Farnesio* (1520-1589).
Museo Nazionale di Capodimonte, Nápoles.

La edición de un calendario en letras de molde

Un asunto que merece especial atención es el estudio de la reproducción tipográfica de la inscripción, auspiciada por Arias Montano en colaboración con el eminente latinista Pedro Chacón. La reconstrucción parcial de ese testimonio se debe a un hecho coyuntural. En torno a 1572,[80] se reencontraron en Roma dos antiguos condiscípulos de la universidad de Salamanca, los citados Pedro Chacón y Benito Arias Montano.[81] Tras haber realizado ambos una visita

---

[80] Esta cifra es una conjetura a través de los hechos ciertos documentados.

[81] Dos biografías clásicas sobre este autor son: Ben Rekers, *Arias Montano*. Madrid: Taurus, 1973; Juan Gil, *Arias Montano en su entorno. Bienes y herederos*. Mérida: Ed. Regional de Extremadura, 1998. En ninguna de ellas se trata el tema de esta investigación ni tampoco se glosa la figura de Pedro Chacón. El artículo de M. Fuencisla García Casar, *Arias Montano,*

turística por la ciudad, el primero, residente en la Curia, le comentó a su amigo la existencia de un calendario juliano marmóreo de gran interés, máxime en una época en la que se estaba preparando una reforma de gran calado en materia de cronografía. Se trataba de una tabla de mármol con un calendario romano [*Romanorum Fastorum*] esculpido con letras cuadradas romanas, la cual se encontraba depositada en la biblioteca del Palacio del cardenal Alessandro Farnese (1520-1589) (fig. 15). El toledano le hizo una detallada explicación de la pieza en cuestión. Arias Montano quedó entusiasmado por este resto arqueológico muy fragmentado y por los exhaustivos conocimientos de su amigo sobre esta materia. Debido a ello, el visitante ofreció al sabio clérigo toledano la posibilidad de publicar un estudio sobre esta pieza junto con una reproducción de la misma en la prestigiosa editorial fundada por Cristóbal Plantino.[82] Chacón era una persona estudiosa y ajena a los intereses mundanos. Por razones de discreción rechazó la oferta, pero autorizó la publicación tipográfica de la inscripción con algunas notas suyas. En función del compromiso adquirido, el interesado debió realizar una transcripción meticulosa del texto conservado del calendario y enviársela a Arias Montano, junto con unas anotaciones complementarias. A su recepción, el extremeño haría llegar el material al taller de Plantino. Los trámites de este proyecto quedan reflejados en una carta del editor flamenco dirigida a Arias Montano y datada el 12 de noviembre de 1575.[83]

El esquema compositivo de este planteamiento editorial se inspiraba en la reproducción icónica del resto arqueológico. El texto original de la inscripción habría sido grabado en su día por un hábil lapicida en el tipo de letra llamada *quadrata* epigráfica.[84] En consecuencia, sería necesario reproducir el texto latino con ese tipo de diseño en la parte central de una hoja impresa y añadir también unos comentarios explicativos, redactados en latín, en los espacios libres de esa caja de escritura. Tal disposición se llevó a efecto. El margen superior de la pieza iba encabezado por un *titulus* compuesto por Arias Montano, quien dedica el trabajo a todos los estudiosos de las antigüedades romanas:

*ANTIQVARVM RERVM STVDIOSIS OMNIBVS
BENEDICTVS ARIAS MONTANVS S[ALVTAT]*

Benito, en el *Diccionario Biográfico Español* de la RAH, no contiene ni una sola línea sobre este asunto.

[82] Como es sabido, Arias Montano y el impresor de Amberes profesaban admiración por la *Familia Charitatis* y además colaboraron intensamente en varias aventuras tipográficas.

[83] *Correspondance de Christophe Plantin,* publicada por Max Rooses, Jean Denucé, Maurice van Durme, Museum Plantin-Moretus. Antwerpen: J.E. Buschmann, 1883-1918, pp. 61-63; Jenney Voet *et alii, The Plantin Press. General Ledger* 1590-99. Amsterdam: Van Hoeve, 1981, vol. II, n. 863.

[84] *Letras etruscas.* https://pampatype.com/blog/tuscan-letters-1 Gray.

En su exposición manifiesta que se trataba de una *Romanorum Fastorum marmorea tabella* [...] *Romanis litteris exarata*.[85] En la parte inferior o faldón de la hoja y a ambos lados del texto central, se habían insertado unas notas eruditas sobre las abreviaturas más significativas de cada mes. Estas anotaciones, en forma de datos básicos para poder interpretar las claves utilizadas en los calendarios del siglo I, se debían a Pedro Chacón. El toledano había adicionado también algunas notas complementarias muy interesantes en la parte inferior de la hoja.

Cabe suponer que las pruebas fuesen enviadas a los autores antes de proceder a la tirada. El ms. AM 253 de la Biblioteca Universitaria de Copenhagen[86] reproduce en el f. 4r una copia de la prueba del impreso de Plantino con correcciones autógrafas de Chacón, quien lo revisó y corrigió. Asimismo, rectificó la grafía utilizada para reproducir su apellido,[87] pero estas modificaciones ya no pudieron añadirse a la versión definitiva. En los ff. 24r-27r de este mismo ms., se encuentra una *Veteris Kalendarii Explicatio* mucho más copiosa que la editada por el impresor flamenco. Se ignora si fue publicada en su momento.[88]

El texto epigráfico original habría sido trazado según el estilo de escritura propio del s. I: una letra *capital quadrata* pura y sobria, a juzgar por el único espécimen existente.[89] Es de lamentar que tan solo se disponga en la actualidad de una pequeña muestra poco fiable de la tabla marmórea farnesiana (fig. 16) ya que, en gran medida, ha sido reconstruida, aun así, el fragmento es un testimonio digno de atención.

---

[85] «Una tabla de mármol con un calendario romano [...] esculpido con letras cuadradas romanas».

[86] Descripción del ms. en *Katalog over den Arnamagnaeansk Händskriftsamling*, I, Kobenhavn, 1889, pp. 233-234. En los folios 1r-3v del ms. AM 253 fol. se encuentra la carta autógrafa de Chacón a Pedro Vélez de Guevara, junto con una prueba de la edición proyectada por Plantino.

[87] En lugar de los grafemas *Ts*- trazó la forma correcta en castellano: *Ch*-.

[88] En la actualidad ha sido reproducida, a modo de Apéndice I, en la obra citada de Giacomo Cardinali, pp. 248-251. La transcripción es mejorable.

[89] La doctora Inmaculada García-Cervigón ha conseguido localizar los escasos restos de esta pieza arqueológica. Le agradezco profundamente su colaboración.

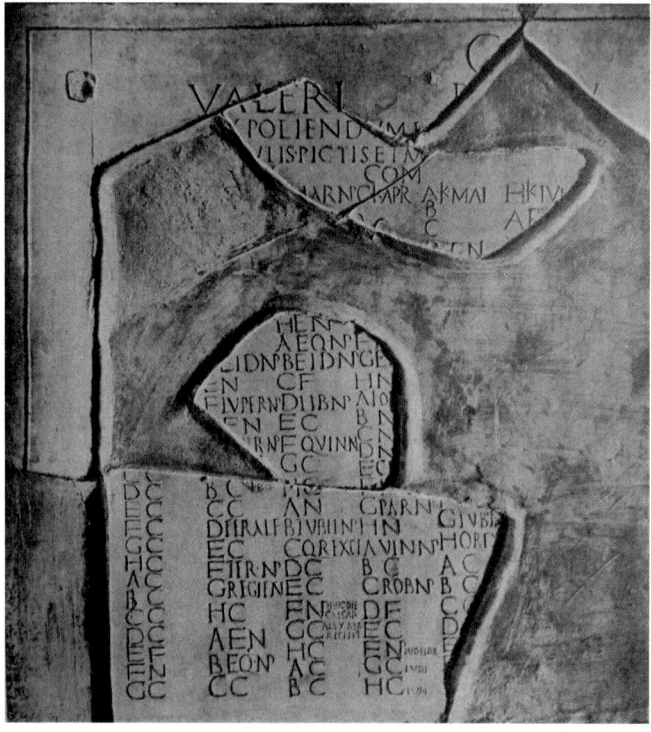

Fig. 16: *Calendario farnesiano*. Fragmentos. Roma, Musei Capitolini[90]

Habría resultado muy interesante cotejar paleográficamente la versión original de la inscripción, hoy prácticamente perdida, con la impresa. Esta última composición ofrece un alfabeto clásico y estilizado.[91] Los productos salidos de los talleres de Amberes se caracterizaban por su calidad técnica y un depurado sentido estético. Por tanto, no recurrieron a un letrería común en su edición. En cualquier caso, el problema de reproducir un escrito o una imagen de manera tipográfica respecto de un original o modelo manual requería siempre en la época la intervención de un diseñador intermediario para obtener una réplica.[92] El producto resultante dependía de la capacidad mimética y técnica del artesano. La versión impresa por Plantino es modélica.[93]

---

[90] Atilivs Degrassi (cur.), Inscriptiones Italiae. Vol. XIII, Fasti et elogia. Fasc. II, Fasti anni Nvmani et Ivliani. Tabvlae et indices, Roma, Istituto Poligrafico dello Stato, 1963, 10 Fasti Maffeani, tab. XIX.

[91] Compárese la escritura de los fragmentos augusteos impresos con el texto esculpido de la inscripción del arco de Constantino del año 327. Este segundo testimonio presenta una versión claramente canonizada de los signos alfabéticos (fig. 8).

[92] Con frecuencia los estudiosos y profesionales se quejaban de que habían prestado un objeto auténtico para su copia y que después no habían podido recuperar la fuente primaria.

[93] Desgraciadamente se ignora cómo sería la disposición original de la inscripción, como ya se ha indicado.

Durante el proceso de esta impresión fueron enviadas a los interesados unas muestras del trabajo en curso antes de proceder a la tirada. De esta edición se conocían únicamente dos ejemplares conservados: uno en el Musée Plantin Moretus,[94] y otro, en la British Library. En el curso de mi investigación yo he localizado un doble testimonio, insertado en un ms. que tiene 114 folios en la parte llamada A.[95] Se trata de un par de hojas independientes que han sido encartadas en un volumen facticio conservado en la Biblioteca Apostolica Vaticana. La autoría de la primera composición tipográfica va firmada con el nombre del artífice: *Claudii Duchetti formis,* al pie de la hoja impresa (fig. 17).

El segundo ejemplar localizado por mí reproduce el testimonio definitivo. En él reza la datación: *Antverpiae, 14 Cal. Aprilis Anno* 1574[96] (fig. 18). Ambos son valiosísimos ejemplares.

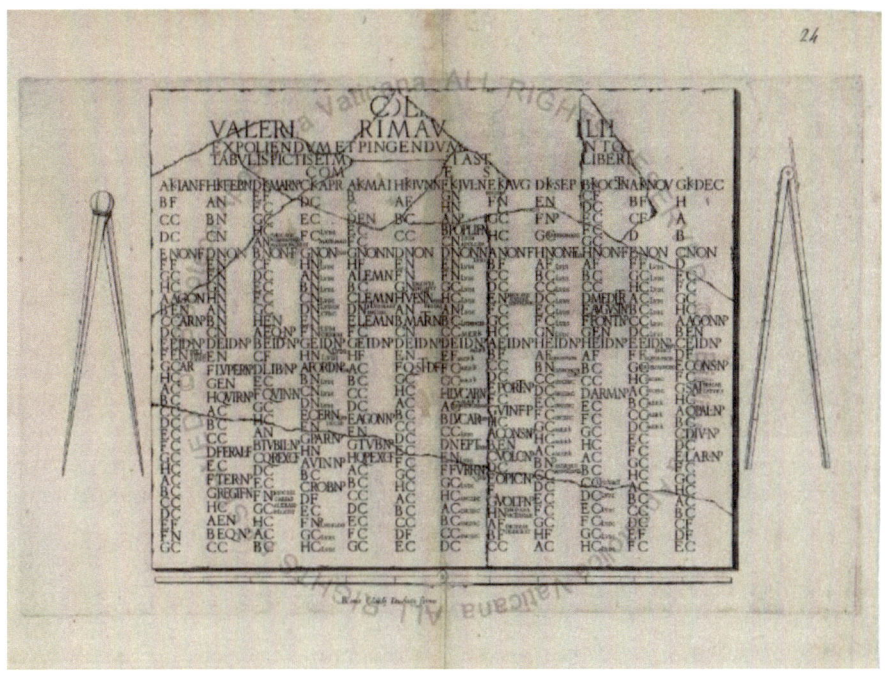

Fig. 17: Calendario augusteo.
Primera reproducción impresa por C. Plantino del original marmóreo.
Città del Vaticano, BAV, ms. Barb.lat.2154.pt.A, f. 24r.

---

[94] Hay una reproducción en la obra *The Plantin Press. General Ledger* 1590-99. Amsterdam: Van Hoeve, 1981, vol. II, n. 2.

[95] Città del Vaticano, BAV, ms. Barb.lat.2154.pt.A, ff. 24r y 25r.

[96] La fecha va expresada según el sistema latino clásico, salvo los números que son arábigos: *Antuerpiae* 14 *Cal. April. Anno* 1574. Según nuestro cómputo actual se corresponde con el día 19 de marzo de ese mismo año.

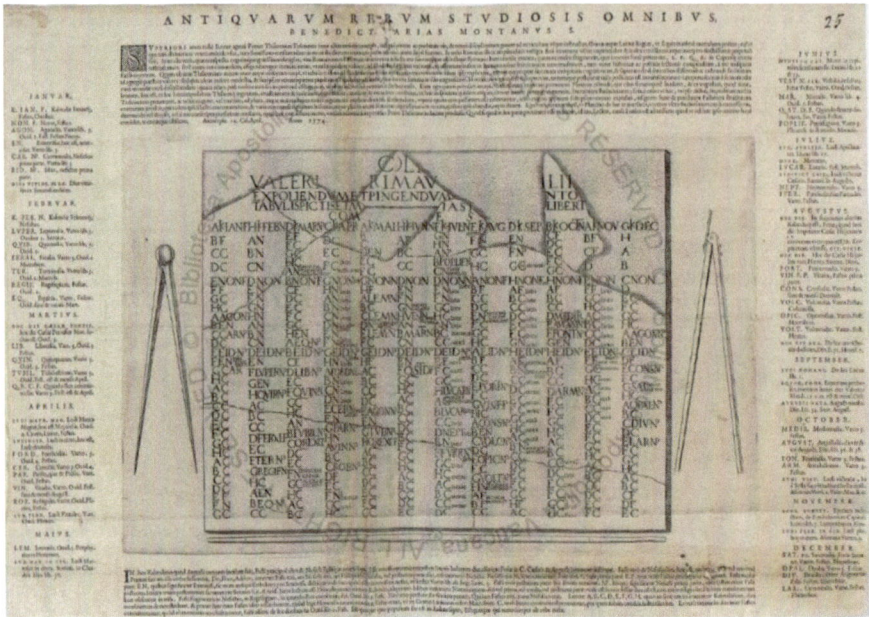

Fig. 18: Calendario augusteo.
Reproducción definitiva impresa por C. Plantino del original marmóreo (1574).
Città del Vaticano, BAV, ms. Barb.lat.2154.pt.A, f. 25r.

El proyecto editorial consistió en una reproducción técnica, de cuidada y elegante factura, como se puede comprobar a través de los escasos testimonios impresos conservados (figs. 17 y 18). Resulta evidente que los restos arqueológicos existentes en 1573 tenían mayor entidad que el breve fragmento custodiado actualmente en el Museo Capitolino (fig. 16). La versión impresa así lo demuestra, por tal motivo las hojas plantinianas editadas constituyen un testimonio impagable por haber salvaguardado gran parte de un material cronográfico de gran valor histórico del s. I y hoy perdido.

Las noticias sobre otras ediciones impresas de este objeto arqueológico son escasas y confusas. A lo que parece, el tipógrafo Paolo Manuzio hizo una edición temprana (*Venetiae*, 1555). Un juicio valorativo de esta primera versión se encuentra en una extensa carta (1573) enviada por Chacón desde Roma a su amigo Pedro Vélez de Guevara (*c.* 1529-1591). El texto contiene numerosas explicaciones eruditas sobre latinidad. Aquí interesa reproducir un amplio párrafo sobre el calendario objeto de estudio:[97]

---

[97] He conservado las grafías del autor.

Paulo Manucio no sacó fielmente aquel calendario,[98] como va en ese papel que a Vuestra merced embío,[99] trasladado de una hermosa piedra de mármol que está en la librería del cardenal Farnese. Hallose aquella tabla quebrada en tantas piecas como muestra la estampa; los que van en colorado no se hallaron con los demás, sino que se añadieron quando, como aquí dizen, «se raconció» la tabla, y ansí lo que Manutio añadió a aquellas faltas tiene sus faltas. Fue hecho en tiempos de Augusto y ansí están en él celebradas sus victorias y las de su padre. Aquí he hallado otros pedacos de calendarios antiguos, y todos tienen la letra *H,* salvo uno que llega hasta la *h* [*exclusive*], como el nuestro, que es señal que fue fecho después que los Romanos comencaron a dividir el año en semanas, dieron a los días los nombres de los planetas, lo qual en tiempo de Augusto no havía […].[100]

Aldo, hijo del tipógrafo Paolo Manuzio, realizó una segunda estampación (*Venetiae,* 1566) y, por último, esta familia realizó una tercera, en 1581. En efecto, se conserva un ejemplar en la British Library:

> *Antiquitatum Romanarum Paulli Mannuccii liber de senatu; [Vetus kalendarium romanum e marmore descriptum; De Veterum dierum ratione.* - Ed. ab Aldo Manutio]. [Venetiis]: Apud Aldum Manutium, 1581.

Se trata de una versión abreviada. En ella están citados todos los meses, enumerados escuetamente. La paginación es irregular. Sospecho que se trate de una interpolación de las dos hojas del calendario (fig. 19).

Además de estas noticias indirectas, Chacón le envió una prueba[101] que contenía la matriz de la inscripción con sus correcciones para que fuese realizada por el taller de Plantino. La versión definitiva es la edición de nuestro interés (Christopher Plantin *Antuerpiae,* 1574).

---

[98] Se trataría de un primer ejemplar impreso de Paolo Manuzio y datado en Venecia en 1555, ya que el hallazgo de la inscripción se produjo en 1547. De esa versión no se conoce ningún ejemplar.

[99] Probable alusión a la prueba impresa por Plantino, datable en 1573.

[100] Roma, 12 de diciembre de 1573. CALENDARIO_VD/Carta%20Pedro%20Chacón %20y%20grabado %20(1).pdf

[101] La carta de Chacón data del 12 de diciembre de 1573. Por tanto, no era un testimonio del ejemplar definitivo datado en 1574, cosa que se comprueba mediante cotejo de este impreso con la versión definitiva.

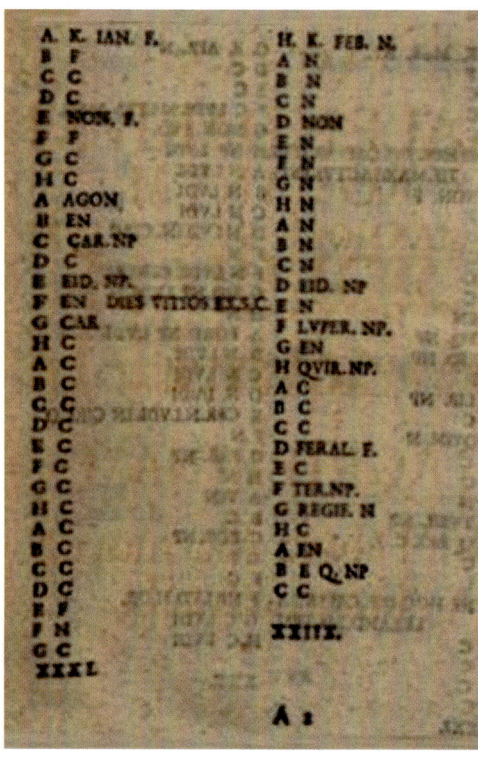

Fig. 19: *Vetus kalendarium romanum e marmore descriptum*. Apud Aldum Manutium, 1581.[102]

Testimonios de la calendación en el Bajo Imperio

Los fondos mss. de la BVA son inagotables. Además de las fuentes librarias convencionales, hay también series documentales que constituyen auténticos legajos formados por materiales de diversos contenidos. En uno de ellos se ha agrupado, a modo de volumen facticio, un conjunto de textos autógrafos, de género cuasi epistolar, y también un par de hojas de un ejemplar impreso de un calendario.

En una portadilla de ese volumen se mencionan explícitamente un *Calendario augusteo*[103] y otro *constantiniano* que remite al emperador de ese nombre. Tras este anuncio figuran los nombres de cuatro eruditos autores y conocedores de restos arqueológicos, quienes exponen sus conocimientos y puntos de vista sobre temas epigráficos, numismáticos y juicios críticos sobre diversas cuestiones. Son unos textos heterogéneos elaborados en los siglos XVI y XVII:

---

[102] https://books.google.es/books?id=CgtlAAAAcAAJ&printsec=frontcover&hl=es&source=

[103] Esta denominación es apropiada ya que remite precisamente al calendario aquí estudiado de tiempos del emperador Augusto, como ya se ha comentado y propuesto.

Monumenta nonnulla antiqua depicta

Kalendarium Romanum Vetus temporibus Augusti
Kalendarium Romanum Constantini Magni temporibus et
de eo multa similia.
Hieronymus Aleander
Joannes Georgius Herbert
J. Seldenus
Jacobus Sirmundus et alii[104] (fig. 20)

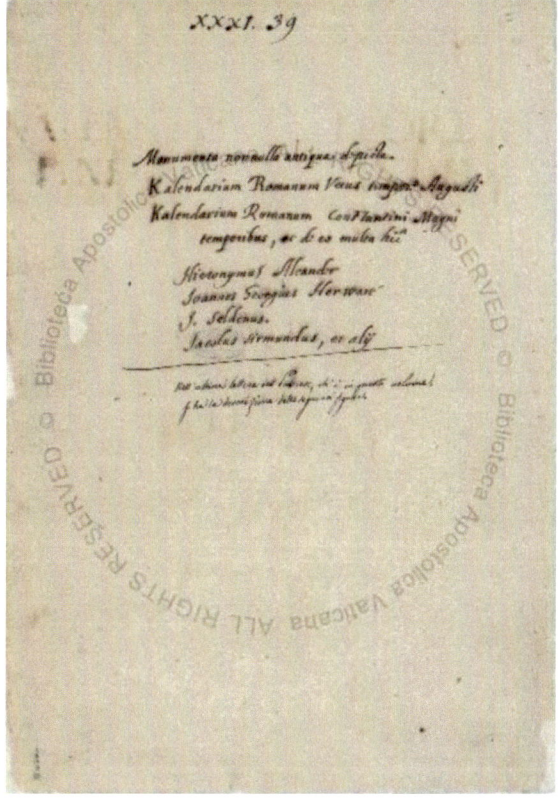

Fig. 20: Relación en la que son citados los mss. farnesiano y constantiniano.[105]

El testimonio más antiguo remite al calendario de nuestro interés, que ha sido ya descrito. Pero también hay otras dos muestras tipografiadas más tardías (s. XVII) que reproducen otro espécimen de este género, un calendario

---

[104] En una apostilla añadida en cuerpo menor se indica que: «Nell'ultima lettera del Peiresc, ch'è in questo volume, si ha la descrizione delle seguenti figure». En efecto, en esta obra facticia N. Fabri de Peiresc describe también el contenido del ms. llamado *Calendario de Dionisio Filócalo,* el cual es estudiado a continuación.

[105] https://digi.vatlib.it/view/MSS_Barb.lat.2154.pt.A, f. 1r.

constantiniano datable en el año 325.[106] Gracias a la coyuntura de la inserción de estas piezas, he dispuesto de un par de hojas impresas que me han permitido analizar unos restos arqueológicos valiosos y, en parte, perdidos.

Como ensayo experimental, voy a comentar la versión impresa del calendario constantiniano, ideada por uno de los expertos firmantes, escritor muy estimado en su tiempo: Hans Georg Herwart von Hohenburg. Como se puede comprobar, el autor manifiesta que este impreso procede: *E Museo Ioannis Georgii Herwart ab Hochenburg*[107] (fig. 21).

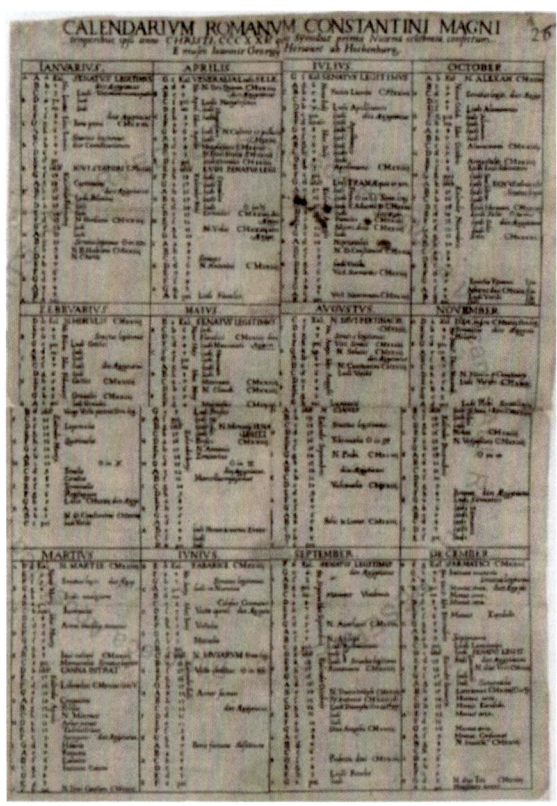

Fig. 21: Calendario vigente durante la gobernación de Constantino I (a. 325).[108]

---

[106] Città del Vaticano, BAV, ms. Barb.lat.2154.pt.A. https://digi.vatlib.it/view/MSS_Barb.lat.2154.pt.A, f. 26r. Es un volumen que comprende noticias relativas a celebraciones y festividades religiosas y civiles.

[107] Herwart von Hohenburg, Hans Georg, *Novae, Verae Et Exactè Ad Calcvlm* (sic) *Astronomicvm Revocatae Chronologiae, Sev Temporvm Ab Origine Mvndi Svpputationis, capita praecipua, quibus tota temporum ratio continetur. Et Innvmerabiles Omnivm Chronologorum errores deteguntur.* Monachij Bauariarum 1612. https://download.digitale-sammlungen.de/BOOKS/download.pl?id=bsb11062327. Regensburg, Staatliche Bibliothek -- 999/4Hist.pol.112.

[108] https://digi.vatlib.it/view/MSS_Barb.lat.2154.pt.A. f. 26.

La imagen impresa reproducida ofrece un epígrafe muy esclarecedor. En primer lugar, se indica el nombre del emperador reinante, Constantino I, con mención de la data precisa de la redacción del texto: año 325, fecha en la que tuvo lugar la primera sesión del Concilio de Nicea.

A título de ejemplo, se aconseja establecer una comparación del tratamiento de este ejemplar con otras fuentes y, en especial, con la versión augustea ya estudiada. En esta última los puntos de acceso eran:

1. Nombre abreviado del mes: IAN, FEB, MAR, APR, MAI, IVN, IVL, AVG, SEP, OCT, NOV, DEC.

2. Fechas fijas del cómputo intramensual de la luna: K, NON, ID (EID).

3. Período de ocho días consecutivos o Letras nundinales (*Dies nundinales*): A B C D E F G H.

4. Clasificación laboral y fetichista de las jornadas (*Index dierum*): F, N, NP, C, EN, etc.

5. Efemérides: Principales fiestas fijas de carácter ritual (M, A, G, V) y espectáculos de diversos tipos.

En cambio, el calendario constantiniano representado tenía una estructura más completa. En lugar de la disposición anterior se contemplaba la siguiente:

1. Nombre pleno del mes como epígrafe titular

2. Días lunares (*A-K*)

3. Días hebdomadarios (*A-G*)

4. Días nundinales (*a-h*)

5. Días del mes numerados según los tres términos fijos intramensuales (*kalendae*, *nonae* e *idus*), y contabilizados según un cómputo retrógrado.[109]

6. Columna vertical que indica los días antecedentes a cada término fijo intramensual.

7. Efemérides

8. Avisos varios

Si se comparan los asientos esquemáticos de ambos modelos, se observan los siguientes cambios en la versión tardía:

- El nombre del mes se indica sobre los elementos columnados como epígrafe intitulativo sin abreviar.

- Cómputo del ciclo lunar (*A-K*).

- **Días hebdomadarios** (*A-G*). La tipología de los días nundinales (*a-h*) había sido sustituida por el concepto de una serie semanal o hebdomadaria desde el s. III.

- El día como unidad de cómputo cobra mayor fuerza. En el espacio restante de la zona acotada, a la **derecha**, se señalaban las tres fechas básicas (*kalendae*, *nonae* e *idus*), reforzadas mediante la indicación del número preciso de días que faltaban para alcanzar

---

[109] La tardía fecha de la edición impresa motiva el uso de números arábigos en lugar de romanos, que serían más adecuados por su forma de expresión.

el siguiente tope intramensual, expresados con numeración arábiga.

- A continuación, se señalaban las efemérides. La fórmula *Senatus legitimus* indica que son convocatorias políticas en días permitidos. Supone una entrada que evita la mención de algunas fechas prohibidas. Algunas de las restantes conmemoraciones anuales registradas difieren de las consignadas en calendarios más antiguos.

- La adición de los Avisos señala una mayor difusión de determinadas creencias, tales como los *dies Aegyptiacus,* de carácter supersticioso, o bien la inclusión de los signos zodiacales y el incremento del número de partidas de algunos juegos competitivos, lo cual evidencia la importancia social de los espectáculos lúdicos masivos.

Las modificaciones operadas en lo que respecta a la estructura del calendario y a la organización de las jornadas revelan que el sistema tradicional de calendación iba quedando en desuso. La contabilidad semanal iba ganado terreno sobre los días nundinales (*a-h*). Sobre todo, se elimina la indicación tipológica de la jornada o *Index dierum* (F, C, NP, F, EN).[110]

Igualmente, también se aprecian otras novedades, por ejemplo, la inserción de signos lunares y zodiacales. Un dato muy significativo es el elevado número de juegos y competiciones que se celebraban a lo largo del año.[111] La cuantificación de la importancia de los *ludi* se establecía mediante la contabilidad de los *c m*.[112] Las fechas natalicias de los emperadores (N) eran consideradas festivas. Se honraba también a Jano, dios epónimo del mes de enero. En ese período se conmemoraba especialmente los nacimientos de Adriano y Gordiano. La pervivencia de una tradición correspondiente a los *dies Aegyptiacus* merece un breve comentario. El término castellanizado es «aciago».[113] Su significado originario deriva del sintagma *dies Aegyptiacus*, expresión difundida posteriormente a través del latín medieval.[114] El origen de la aplicación de esta fórmula apelativa a determinados días del año, es incierto. En el *Calendario* de Constantino esta práctica está ampliamente testimoniada: en cada mes hay dos

---

[110] Se aconseja comparar esta imagen con la fig. 18.

[111] En algunas épocas se alcanzó la cifra de 177 días amenizados con espectáculos.

[112] Esta abreviatura significa *circenses missus*. El número expresado a continuación equivalía a los tipos y pruebas que deberían superar los contendientes. La modalidad más frecuente se valoraba en XXIV, pudiendo superar los XXX.

[113] El vocablo es utilizado por Nebrija y definido por Sebastián de Covarrubias (*Tesoro de la Lengua Castellana o Española.* Madrid: Ed. Turner, [1611] s. v. *aziago*. También se encuentra lematizado en el *Diccionario de Autoridades* Tomo I, (1726).

[114] Literalmente: «día egipcio». En latín: *Malum omen portendens*: «Día que puede ser causante de una futura calamidad».

ocurrencias salvo en el mes de enero de este calendario que presenta tres casos.[115] A título de ejemplo, véase la fig. 22.

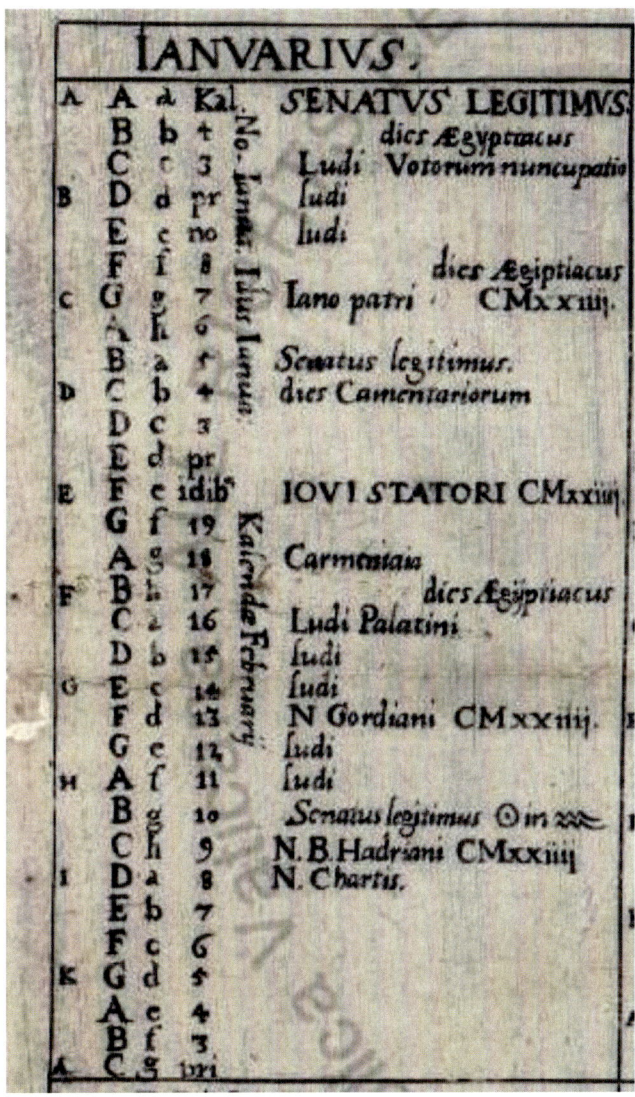

Fig. 22: Calendario vigente durante la gobernación de Constantino I (a. 325). Detalle. Mes de enero.[116]

---

[115] El número aquí reproducido es anómalo. En las fuentes primarias siempre se mencionan dos fechas en cada mes.

[116] https://digi.vatlib.it/view/MSS_Barb.lat.2154.pt.A. f. 26.

Diagrama compositivo del mes de enero constantiniano

[0]	Nombre completo del mes como epígrafe					
1	A	A	a[117]	*Kal*	Efemérides	Avisos varios
2				4 N° días retrógrados		
3				3		
4				*pri* [*die Nonarum*]		
5						
6						
7						
8						
9						
10						
11						
12						
13						
14						
15						
16						
17						
18				*Idibus*		
19						
20						
21						
22						
23						
24						
25						
26						
27						
28						
29						
30						
31	A	C	G	*pri* [*die Kalendarum*]		

La acumulación de datos que ofrece la versión del *Calendario* de Constantino indica un afán de captar la voluntad de los habitantes latinos en lo que respecta a la organización de la vida urbana. Las modificaciones operadas no eran puramente meliorativas, sino también populistas. El modelo brevemente comentado deja entrever una perspectiva distinta en el plano social y político respecto de la etapa augustea. Hay determinados *Avisos* cuya presencia en algunos mss. hasta fecha tardía plantea una cuestión de difícil respuesta. ¿Hasta qué punto esas informaciones eran observadas por los usuarios de estos calendarios?, ¿pervivía la tradición de interpretar el tiempo en la fecha atribuida o era el fruto de un arcaísmo gráfico? Tal vez esta segunda opción sea la más probable. En cualquier caso, también se habrían introducido nuevas creencias.

---

[117] Distintas tipologías del período anual.

San Agustín (354-430) testimonia que en su época los días egipcíacos eran cumplidos por personas politeístas:

> Es bien conocido este error de los gentiles,[118] ya sea cuando tramitan sus asuntos, ya sea cuando se hallan a la expectativa de eventos relativos a su vida o negocios. En tales casos se atienen a los días, meses, años y estaciones señalados por los astrólogos y los caldeos.[119]

En el siguiente apartado de esta misma obra el obispo de Hipona reconoce que estas prácticas también eran observadas a veces por cristianos:

> En nuestras reuniones hay muchas personas[120] que consideran en qué tiempos las cosas deben hacerse según los criterios de los expertos en los astros. Y así, muchas veces, no dudan también en aconsejarnos -sin saber, a ciencia cierta, la razón- que no se comience nada, ni edificio ni otra clase de obras, en los días que llaman egipcíacos.[121]

Tales testimonios confirman la vigencia de estos usos de manera generalizada en el s. V. Ahora bien, ignoramos si en este caso esos comportamientos se prolongaron en el tiempo. La transmisión de esta información cronográfica alcanzará gran difusión y se conservará durante la Edad Media. Por ejemplo, en un ms. datable en el s. XIII, se recuerda que *Item notandus quod in quolibet mense sunt duo dies qui dicuntur egri*,[122] *mali, egiptiaci*.[123]

En un ms. de finales del s. XV todavía se hacía saber que en cada mes hay dos días funestos, uno en la entrada y otro en la salida.[124] De ahí que en su etapa se acuñasen unas fórmulas estereotipadas para recordar esas fechas.[125] Se trataba

---

[118] En latín el término «gentiles», significa «personas politeístas desde una perspectiva monoteísta».

[119] Vulgatissimus enim est error iste Gentilium, ut vel in agendis rebus vel in exspectandis eventibus vitae ac negotiorum suorum ab astrologis et Chaldaeis notatos dies et menses et annos et tempora observent. Epistolae ad Galatas expositionis liber unus, 34.

[120] Se sobreentiende «cristianas».

[121] Plena sunt conventicula nostra hominibus, qui tempora rerum agendarum a mathematicis accipiunt. Iam vero ne aliquid inchoetur aut aedificiorum aut huiusmodi quorumlibet operum, diebus quos Aegyptiacos vocant, saepe etiam nos monere non dubitant nescientes, ut dicitur, ubi ambulant. Epistolae ad Galatas expositionis liber unus, 35.

[122] El adjetivo *aeger* se escribía tardíamente monoptongado, de ahí que pueda ofrecer una forma abreviada bajo la inicial *e* o *E*.

[123] La cita se encuentra en el epígrafe *De diebus egiptiacis*. Ms.2 del Archivo del Monasterio de Santa María la Real de Huelgas, f. 18r. Ana Suárez González, «A propósito de los "Días aciagos" en un calendario medieval calagurritano», *Kalakorikos,* 6 (2001) pp. 101-114.

[124] Elisa Ruiz García, *Catálogo de la Sección de códices de la Real Academia de la Historia.* Madrid: RAH, 1997, ms. 36 de BRAH, f. 1r.

[125] Existe una amplia bibliografía sobre esta cuestión. En particular, se aconseja la lectura de dos artículos muy esclarecedores de Ana Suárez González, en los que se ofrece un panorama

de unos versos ripiosos que ofrecen variantes según las fuentes utilizadas. A título de ejemplo, se reproduce entre otras variantes, esta serie mensual:

> *Iani prima die et septima fine timatur* [enero]
> *Ast februi quarta est: precedit tercia fine* [febrero].
> *Martis prima necat, cuius sub cuspide IIIIª est* [marzo].
> *Aprilis decimo est, undeno a fine salutat* [abril].
> *Tercius in maio lupus est et VIIᵘˢ anguis* [mayo].
> *Iunius decimo est quindeno a fine salutat* [junio].
> *Augusti nepa prima fugat de fine IIª* [agosto].
> *Tercia septembris uulpis fert a pede denam* [septiembre].
> *Tercius octubris gladius decem in ordine nectit* [octubre].
> Quinta nouembris acus, uix tercia mansit in urna [noviembre].
> *Dat duodena cohors VII inde decemque decembris* [diciembre].

Con el fin de facilitar el aprendizaje de estas fórmulas se crearon recursos mnemotécnicos. Uno de ellos se basaba en memorizar las siguientes palabras correspondientes a los meses:

Argue. Decies. Audito. Limina. Clangor. Linquit. Olens. Abies. Caluit. Colus. Excula. Gaule.

Para averiguar cuáles eran las jornadas infaustas, había que dividir esas palabras en dos partes, de este modo:

Ar-gue. De-cies. Au-dito. Li-mina. Clan-gor. Lin-quit. O-lens. A-bies. Ca-luit. Co-lus. Ex-cula. Gau-le.

El orden de las letras en el alfabeto latino, excluyendo del cómputo la H, es la clave para interpretar adecuadamente esta relación de vocablos. La inicial de cada palabra o, para ser más exactos, la posición de este carácter en el orden establecido del alfabeto- indica el primer día nefasto del mes al que dicha voz se asocia, en lo que respecta a su primera mitad. Sea, por ejemplo, la palabra *Argue*. La A es la primera letra del alfabeto y, en consecuencia, se corresponderá con el día 1 del mes. La segunda parte se refiere al segundo *dies aeger* de cada mes. En este caso, el cómputo es *retrógrado*. Teniendo en cuenta la división de los vocablos que se ha señalado anteriormente, dicha letra es la G que ocupa el séptimo lugar, y en consecuencia, la G equivale al día 25. Los días aciagos de enero serían el 1 y el 25.[126]

---

didáctico sobre los usos practicados y las reglas mnemotécnicas ideadas para conocer cuáles eran las fechas fatídicas en el curso de cada mes. A continuación, se resume su explicación.

[126] Ana Suárez González, «A propósito de los "Días aciagos" en un calendario medieval calagurritano», *Kalakorikos*, 6 (2001) pp. 101-114. Véase también «"De diebus Aegyptiacis" en cuatro manuscritos medievales leoneses (siglos XII-XIII)», *Homenaje Gaspar Morocho Gayo*, (2003) p. 769-782. En el primer artículo se explica este complicado sistema. http://hdl.handle. net/10612/1010.

Crisis de la calendación pagana. Un modelo de cronógrafo ecléctico

El sustrato ideológico reflejado en algunos calendarios latinos, datables en el s. IV d.C., bien hayan sido elaborados sobre materiales duros o blandos, resulta ambiguo. A tal efecto conviene tener presente la precisa definición del concepto de religión formulada por William James, quien la formula así: «Los sentimientos, acciones y experiencias de los individuos en su soledad, en cuanto que se sienten en relación con algo que consideran la divinidad».[127] Este planteamiento teórico omnicomprensivo debe ser tenido en cuenta a la hora de valorar las múltiples manifestaciones de carácter sacro que coexistían en la etapa final del Imperio romano. A un lado estaban los seguidores de un politeísmo estructural, de raíz indoeuropea, con numerosas modalidades en materia de principios y prácticas. Por otro, los partidarios de un monoteísmo en lo que respecta a conceptos fundamentales sobre la esencia de sus doctrinas, bien fuesen cristianas o de otras creencias afines. A pesar de las diferencias estructurales de ambas corrientes, se advierte que, en algunos casos, se produjo una influencia mutua de ritos y creencias. La religiosidad cristiana se fue desarrollando de manera gradual sobre una estructura secular pagana.

Un fenómeno hipostático de este tipo es apreciable en unos escritos de Furio Dionisio Filócalo,[128] un notable diseñador de textos (*ordinator*) que materializó, entre otros trabajos, numerosas composiciones epigramáticas elaboradas por el papa Dámaso I (366-384), de origen lusitano. Los testimonios epigráficos, localizados en catacumbas, sepulturas y fachadas de iglesias, estaban destinados sobre todo a evocar el recuerdo de los mártires. Tales creaciones respondían a un estilo gráfico llamado genéricamente *littera* o *capital quadrata*, ahora bien, las muestras filocalianas ofrecen un módulo achatado y unos ápices muy característicos, por tanto, no responden al modelo clásico puro[129] (figs. 23 y 24).

---

[127] *The Varieties of Religious Experience*. Nueva York: Longmenans Green, 1902, Lect. II, p. 50.

[128] Esta palabra fue un *cognomen* muy apropiado ya que el término significa etimológicamente: «amante de lo bello».

[129] La problemática paleográfica de estas inscripciones ha sido ampliamente tratada y, por no ser objeto de estudio en esta investigación, remitimos a la bibliografía existente. Véase, en particular, Armando Petrucci, «Per la datazione del *Virgilio Augusteo*: Osservazioni e proposte», *Miscellanea in memoria di Giorgio Cencetti*. Torino: Bottega d'Erasmo, 1973, pp. 30-45. Sobre las letras llamadas «etruscas» véase: https://pampatype.com/blog/tuscan-letters-1.

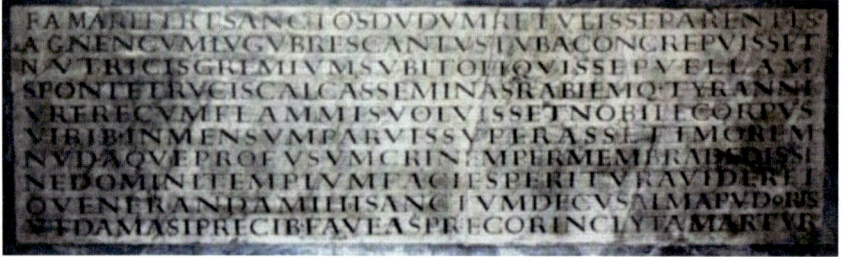

Fig. 23. Basílica de Sant'Agnese fuori le Mura. Inscripción damasiana.

Fig. 24. Basílica de Sant'Agnese fuori le Mura (Roma). Inscripción damasiana. Detalle.

Un aspecto que debe ser tenido en cuenta es el tipo de participación de Filócalo en el proceso de elaborar una inscripción de homenaje. El método aplicado en la manufacturación de textos epigráficos constaba de las siguientes operaciones en la cultura grecolatina:

- *Scribere*: Redactar el contenido textual de la futura inscripción. En este caso la autoría intelectual se debería al papa Dámaso I.
- *Ordinare*: Disponer artísticamente el texto que se habría de reproducir sobre la superficie del soporte. La persona que realizaba esta tarea era llamada *quadratarius titulorum* o bien *ordinator*.
- *Sculpere*: Grabar el escrito en cuestión por parte de un «lapicida».[130]

No se sabe, a ciencia cierta, si Filócalo se limitaba a organizar una disposición material estética de los epigramas o si, por el contrario, también los «exaraba». En definitiva, los testimonios conservados en Roma y atribuibles a su persona resultan dudosos en lo que respecta a su grado de intervención en la autoría de los mismos. En cualquier caso, se conservan tres inscripciones que

---

[130] Esta palabra no figura en el *DRAE*.

van suscritas por Filócalo, quien se proclama *Damasi pappae cultor atque amator*.[131] Estos adjetivos permiten suponer que el autor era cristiano y amigo del pontífice.

Aproximación a un ms. peculiar

Unos años antes de elaborar las creaciones epigráficas citadas, este autor habría participado en la manufacturación de un ms., en extremo interesante, que contenía material cronográfico en una versión conceptualmente muy distinta del calendario augusteo analizado más arriba e incluso de la versión constantiniana. Se trata de una obra llamada *Calendario del año 345 de Furio Dionisio Filócalo*.[132]

El término «calendario» otorgado a esta obra es poco apropiado, dada la naturaleza heterogénea del contenido. Algunos editores han utilizado la voz «cronógrafo» en lugar de «calendario». A mi parecer, esta denominación es preferible. Incluso se podría proponer en su lugar el nombre de «almanaque», voz que significa en su segunda acepción castellana: «Publicación anual que recoge datos, noticias o escritos de diverso carácter».

La principal dificultad, en cuanto al estudio de este trabajo cronográfico, reside en el proceso de la *traditio* de ejemplares. En este caso la *constitutio stemmatis* es muy compleja. Afortunadamente disponemos de una descripción muy rigurosa que permite reconstruir todo el *iter*.[133] En esa dirección electrónica se traza el historial de un ms. que ha sufrido numerosos avatares. Debido a ello, ha sido objeto de copias parciales en distintos momentos. Según este esquema recapitulativo, la obra comprendería originariamente 17 secciones independientes. Se han señalado en negrita, con adición de la signatura R1, las partes tratadas en el ms. de la Biblioteca Vaticana. Dicho ms. Barb.lat.2154.pt.B. es el ejemplar aquí estudiado. El Índice primitivo ofrecía la siguiente disposición:

1. Dedicatoria a Valentino (R1, f.1).
2. Representación de cuatro famosas ciudades (Roma, Alejandría, Constantinopla y Tréveris) bajo la personificación simbólica de la diosa Τύχη o Fortuna. (R1, ff. 2-5).
3. Dedicatoria imperial (R1 f. 6) y lista de las fechas de nacimiento de los emperadores (*Natales Caesarum*) (R1, f. 7).

---

[131] *Epigrammata Damasiana* recensuit et adnotavit Antonius Ferrua. Roma: Pontificio Istituto di archeologia cristiana, 1942. Las suscripciones se corresponden con las imágenes 18, 18² y 27 de esta obra clásica. Hay varias contribuciones más modernas.

[132] Véase https://digi.vatlib.it/view/MSS_Barb.lat.2154.pt. (=R1). Hay una copia hecha al mismo tiempo que R1: *Codex Vaticanus latinus* 9135 (= R2). *CIL*, I, VI. [*Fasti*] *Maffeiani*, (746-757), 332-358. Es un manuscrito ilustrado romano del siglo IV que contiene una colección de documentos de naturaleza cronográfica e histórica, que fueron reunidos en torno al año 354.

[133] The Manuscripts of the «Chronography/Calendar of 354 A.D.» Se recomienda la lectura de esta meticulosa investigación, la cual contiene también la relación de las distintas copias. https://www.tertullian.org/rpearse/manuscripts/chronography_of_354.htm.

4. Lista de los siete planetas conocidos con sus leyendas. Faltan Júpiter y Venus (R1, ff. 8-12).
5. Los doce signos del Zodiaco con sus leyendas: *Effectus XII signorum*.
6. Calendario con textos breves[134] e ilustraciones de los doce meses del año. (S, G, f. 241): febrero, marzo, agosto-diciembre (R1, ff. 16-23).
7. VII. Retratos de los dos cónsules del año 354: *Flavius Iulius Constantius Augustus* y *Flavius Claudius Constantius Gallus, Caesar.* (R1, ff. 13, 14).
8. Listado de los cónsules desde el año 508 a.C. –354. d.C. (V, ff. 25-38; Ber. ff.2-13; B. ff. 190r-191v). IX. Ciclo de la Pascua: Años 312-358, con una continuación hasta 410.
9. Ciclo de la Pascua durante los años 312-358 y con una continuación hasta el año 410.
10. Listado de los prefectos urbanos de Roma desde 254 – 354. Vitrasius Orfitus fue el último que ostentó el cargo (a. 353). (B, ff. 193v-195; V. ff. 40v-43v, 46v).
11. *Depositiones episcoporum.* Listado de los obispos de Roma desde 255 – 352.

El último prelado fallecido fue Julius (a. 352). (B, f. 195; V., f. 46; A, f. 1).

12. *Depositiones martyrum* (B, f. 195v; V, f. 44; A, f. 1).
13. Relación de los obispos de Roma que fueron consagrados papas. El listado finaliza con Liberius, el cual ostentó el cargo hasta el año 352. (V, ff. 44v-45v, 65v-66; A, ff. 2-6v).
14. Regiones de la ciudad de Roma. Esta *notitia* está datada en los años 334-357. (V, ff. 66v-69v).
15. *Liber generationis* desde la Creación del mundo hasta el año 334. (V, ff. 55v-62v).
16. *Chronica Urbis Romae* desde los reyes hasta la muerte de Licinio (a. 324). (V, ff. 62-65v, 70; S, G, f. 303).
17. *Fasti Vindobonenses* hasta los años 390-573/575. (V, ff. 15-24, 47-53; S, G, f. 303). Crónica de la ciudad de Viena (390-575). Texto añadido que no pertenecía a la obra original.

El códice original está perdido. En el s. IX se hicieron algunas copias. La obra debió ser objeto de diversos traslados desde fechas tempranas. Probablemente se realizó una reproducción fidedigna, durante el período carolingio (s. IX), denominada convencionalmente *Codex Luxemburgensis* (L), la cual sirvió a su vez para obtener otras réplicas.[135] Como se puede comprobar en el listado reproducido, se conservan seis tramos del índice original, situados en la primera parte de la obra completa. Los apartados que faltan están testimoniados en otros mss. En la actualidad hay 13 réplicas que transmiten de manera parcial el contenido restante. El cotejo de las distintas versiones del

---

[134] Se trata de unos versos dísticos y tetrásticos colocados marginalmente.

[135] También se hizo una copia del texto sin las ilustraciones a partir del original o bien de un testimonio intermedio: Sankt Gallen, Bibliothèque du Convent, *Codex Sangallensis 878.*

almanaque o cronógrafo filocaliano primitivo permite reconstruir en sus líneas generales la estructura y la naturaleza del material original tratado.

En el Renacimiento este ms. interesó mucho por su temática y fue copiado también varias veces en los s. XVI y XVII. Durante esa etapa el ejemplar perdió algunas hojas. Nicholas-Claude Fabri de Peiresc (1580-1637) reprodujo la parte conservada de la versión *Luxemburgensis* y la supervisó en 1620. El producto resultante consta de dos volúmenes conservados en la BAV: el ms. *Barb.lat.*2154.pt.A y el *Codex Vaticanus Barberini latinus* 2154.pt.B (=R1). Cuando este erudito astrónomo murió, la fuente carolingia utilizada por él ya estaba perdida. En cualquier caso, su versión es considerada un importante escalón intermedio en el proceso de transmisión.[136] Especialistas de diversas disciplinas han analizado esta peculiar obra. Un estudio básico sobre la misma se debió en su día a Henri Stern.[137] Hoy se dispone también de un tratado exhaustivo y excelente sobre todos los testimonios relacionados con el ejemplar original perdido.[138]

En la presente ocasión el objeto de estudio es exclusivamente las ocho secciones[139] conservadas respecto de la versión primigenia, esto es, el ms. *Barb.lat.*2154.pt.B (= R1), el cual contiene el desarrollo de los siguientes asuntos:[140]

1. Fig. 25. Dedicatoria a Valentino, f. 1r. Frontispicio (R1, f.1). Roma, BAV, ms. *Barb.lat.*2154.pt.B (= R1).
2. Fig. 26. Personificación de la ciudad de Constantinopla, f. 4r. Representación de cuatro famosas ciudades (Roma, Alejandría, Constantinopla y Tréveris) bajo la personificación simbólica de la diosa Τύχη o Fortuna. (R1, ff. 2-5).—).—Roma, BAV, ms. *Barb.lat.*2154.pt.B (= R1).
3. Fig. 27. Salutación augural a Valentino, f. 6r. Presentación de cortesía al estilo imperial. (R1. f. 6). Roma, BAV, ms. *Barb.lat.*2154.pt.B (= R1).
4. Fig. 28. Lista de los *Natales Caesarum,* f. 7r. Celebraciones natalicias de los Césares (R1, f. 7)[141] Roma, BAV, ms. *Barb.lat.*2154.pt.B (= R1).

---

[136] Tal conjetura es postulada por Theodor Mommsen («Chronographus Anni CCCLIIII», *Monumenta Germaniae Historica. Auctorum Antiquissimorum*, part 9: Chronica Minora Saec. IV-VII, vol. 1. Berlin (1892), repr. Munich (1981). pp. 13-148. También se conservan otros mss. copiados que contienen parcialmente esta obra. El más importante es el *Codex Vindobonensis* 3416 (*c.* 1500-1510). Wien, Ostrreichische National Bibliothek.

[137] Le calendrier de 354. Étude sur son texte et sur ses lllustrations. Paris: Geuthner, 1953.

[138] Johannes Divjak, Wolfgang Wischameyer, *Das Kalendarhandbuch von 354. Der Chronograph des Filocalus.* Wien: Verlag Holzhausen, 2014. https://www.elsolieltemps.com/pdf/llibres/86.pdf.

[139] Hemos desglosado un par de cuestiones, de ahí la numeración ofrecida.

[140] Véase el índice completo de figuras de este ms. al final de este capítulo.

[141] En el esquema general reproducido de las secciones, la III incluye también la lista de los *Natales Caesarum.*

5. Fig. 29. Día consagrado al dios Mercurio, f. 10r. Descripción de la semana astrológica de los siete planetas.[142] Faltan Júpiter y Venus (R1, ff. 8-12). Roma, BAV, ms. *Barb.lat.*2154.pt.B (= R1).

6. Fig. 30. El cónsul *Flavius Iulius Constantius, Augustus* (f. 13r.) Retrato del cónsul *Flavius Iulius Constantius, Augustus*, R1, f. 13r). Roma, BAV, ms. *Barb.lat.*2154.pt.B (= R1).

7. Fig. 31. El cónsul *Flavius Claudius Constantius Gallus, Caesar* (f. 14r). Retrato del cónsul *Flavius Claudius Constantius Gallus, Caesar* (R1, f.14r). Roma, BAV, ms. *Barb.lat.*2154.pt.B (= R1).

8. Fig. 32. Signos del Zodiaco, f. 15r. Dibujos de seis signos zodiacales (R1, f. 15). Roma, BAV, ms. *Barb.lat.*2154.pt.B (= R1).

9. Fig. 33. Mes de marzo, f. 18r.[143] Representaciones personificadas de siete meses con textos explicativos (febrero, marzo, agosto-diciembre (R1, ff. 16-23). Roma, BAV, ms. *Barb.lat.*2154.pt.B (= R1).

Si se compara este listado con las XVII entradas del índice de la versión completa reproducido más arriba, se comprueba la pérdida de abundante material. Las secciones que constituyen el actual ms. R1 se corresponden con la primera parte de dicho índice, salvo una entrada (V). Quizá no se reprodujo el resto de los textos por estar dedicados a asuntos de menor contenido cronográfico.[144] Esta afirmación es válida en esta parte del ms., dado su estado de mutilación, pero en otros testimonios se tratan algunas cuestiones de signo cristiano, tales como cómputos pascuales, *Depositiones*[145] *martyrum et episcoporum* y el *Catalogus Liberianus*.[146] Al no conservarse el arquetipo, no es posible determinar si estos textos fueron adiciones respecto del original. A pesar de las dificultades para emitir una opinión razonada a causa de su estado de conservación, es justo corroborar la valoración artística de Ranuccio Bianchi Bandinelli,[147] quien considera que esta obra desarrolla una nueva vía expresiva de carácter ornamental. Incluso se ha considerado que las imágenes dedicadas a los planetas de la semana astrológica y los Cánones de los Evangelios ideados por Eusebio de Cesarea responden a un concepto estético parecido.

El *Codex Vaticanus Barberini latinus* 2154.pt.B no ofrece la estructura compositiva propia de un calendario, por ello, las distintas secciones se irán analizando según el orden de aparición que presentan a lo largo del ms. Esta disposición del material resulta muy significativa. Las reproducciones de calendarios tradicionales respondían a un esquema vertical descendente que

---

[142] La cual comienza en el día dedicado al planeta Saturno. La serie está incompleta: Sol, Luna, Marte y Mercurio. Las imágenes de los días dedicados al Sol y a la Luna están desplazadas.

[143] Dísticos de los meses (R1, ff. 16-23); Tetrásticos de los meses. (R1 ff. 16-23).

[144] Comprobar los incipits de las obras principales en los Incipitarios

[145] «Conmemoraciones».

[146] Es una lista de los treinta y seis primeros papas de la Iglesia cristiana, desde San Pedro hasta Liberio, de quien proviene el nombre con el que se conoce a esta obra.

[147] «Le Calendrier de 354» en *La pittura antica*. Roma: Editori Riuniti, 1980, pp. 159-167.

abarcaba el ciclo completo de un año. En este caso el instrumento elaborado ofrecía una planificación diferente en forma de políptico. Cada hoja contenía una imagen y un breve comentario que permitían reconocer el período temporal representado sin respetar el orden convencional establecido del ciclo anual. Se trata de una visión caleidoscópica.[148]

En primer lugar, el ejemplar se inicia con un frontispicio que proporciona datos de interés respecto de la identificación del agente emisor y del receptor (fig. 25). La autoría material está indicada en la imagen, a página completa, donde se explicita esa función. Un par de *putti* sostiene una cartela. En las pestañas triangulares de esa pieza se lee el nombre del artífice: *FVRIVS DIONISIVS / FILOCALVS TITVLAVIT*.[149] El dedicatario del ejemplar es un varón, llamado Valentino, al cual se le aconseja literalmente que «florezca en Dios» (*FLOREAS IN DEO*). Esta expresión evoca, sin duda, un par de versículos del Salterio[150] y, al tiempo, desvela tácitamente la fe profesada por el homenajeado. El monograma laberíntico[151] que corona la escena reitera literalmente esta misma idea (*VALENTINE FLOREAS*).[152]

La expresiva dedicatoria a Valentino por parte de Filócalo permite conjeturar que éste fuese cristiano y tal vez también el autor material, máxime si se tiene en cuenta su colaboración con el papa Dámaso I en la manufacturación de textos epigráficos y su afectuoso reconocimiento de amistad con el pontífice.[153] El autor le augura una lectura provechosa a Valentino, el dedicatario, además de desearle todo tipo de parabienes.

Es muy significativa la fórmula optativa empleada: *LEGE FELICITER*.[154] Toda la composición intitulativa es muy equilibrada. La presencia de los dos *putti* tenantes de la cartela es todo un acierto. Ambas figuras aladas son unos *erotes*.[155] En el mundo clásico se creía que tales seres influían favorablemente en las vidas humanas. En realidad, los preceptos y creencias de la religión cristiana

---

[148] A continuación, se ha reconstruido la estructura original de la obra.

[149] El verbo *titulare* se empleaba en particular para indicar la acción de confeccionar inscripciones, pero también podía significar «trazar» o «escribir».

[150] «El honrado florecerá como palmera, se alzará como cedro del Líbano plantado en la casa del Señor». *Salmo* 92, 13-14.

[151] Este recurso caligramático es ya medievalizante.

[152] El empleo de este verbo también se encuentra en otras fórmulas de salutación.

[153] Según la dedicatoria ya citada: *Damasi pappae cultor atque amator*.

[154] El sentido de esta expresión admite varias interpretaciones. Véase Alain Cameron, *The Last Pagans of Rome*. Oxford: Univ. Press, 2011, pp. 432-437. En algunos contextos la frase era más explícita: *Lege, amice, feliciter in Christo*. En esta ocasión Filócalo refuerza el sentimiento de júbilo mediante la acumulación de formas verbales: «¡Te deseo, Valentino, que leas [esta obra] con agrado, que vivas feliz, florezcas, disfrutes y goces!». La interpretación más plausible sería considerar que la obra estuviese dedicada por el autor material y, quizá también intelectual.

[155] El tratamiento corporal de ambas revela una fecha de composición tardía.

eran visualizados como imágenes que configuraban una «alegorística» tardo-
antigua respecto de las tendencias literarias de su siglo.

La imagen reproducida, al ser una réplica de una fuente perdida, no permite
emitir un juicio crítico sobre la fidelidad de la composición y, aún menos, sobre
la tipología paleográfica. El texto ha sido trazado en una letra *capital quadrata*, de
mediana calidad, y en tres módulos. No tiene ningún parecido con la llamada
«escritura damasiana». Lógicamente por su elaboración tardía e indirecta resulta
imposible vincular esta composición con la morfología que presentaría el
original. Esta ilustración a plena página ha sido considerada una réplica de la
versión más antigua de un frontispicio ilustrado en un códice elaborado en una
etapa tardo antigua.

Fig. 25: Frontispicio. Furio Dionisio Filócalo dedica la obra a Valentino.
Città del Vaticano, BAV, Cod. Vat. Barb. lat. 2154, pt. B (R1), f.1r.
En una nota del s. XVI al pie de la imagen se lee: «Primo foglio de la seconda parte del
manoscritto».

La primera sección de la obra está dedicada a representar con cuatro figuras a las ciudades de Roma,[156] Alejandría, Constantinopla y Tréveris (R1, ff. 2r, 3r, 4r y 5r). Son unas imágenes que simbolizan el concepto de la diosa Fortuna (Τύχη), bajo la forma de una personificación femenina que encarna la idea del azar. Su atributo más frecuente era una corona de torres. En esta época se rendía un culto importante a esta deidad, de hecho, todas las ciudades imperiales disponían de un templo consagrado a ella. Las urbes aquí reproducidas serían consideradas en su momento auténticas capitales neurálgicas del Imperio. A título de ejemplo se muestra la escena dedicada a la ciudad de Constantinopla, enclave de gran importancia en el s. IV[157] (fig. 26).

Fig. 26: Personificación de la ciudad de Constantinopla tocada con el atributo de la diosa Fortuna.
Città del Vaticano, BAV, Cod. Vat. Barb. lat. 2154, pt. B (R1), f. 4r.

El significado de la tercera escena (fig. 27) y el sentido de la inscripción (*titulus*) no resultan claros. La figura alada es la representación simbólica de la

---

[156] La imagen que representa a esta ciudad fue una versión rehecha probablemente en el Renacimiento

[157] Obsérvese la presencia de un saco repleto de monedas, a juzgar por la abreviatura utilizada (∞). Evidentemente simboliza la idea de riqueza.

Victoria (Νίκη), una deidad adorada por el ejército y posteriormente por los emperadores. Su templo romano más famoso fue construido en el Palatino. La diosa escribe sobre un medallón grande o clípeo el siguiente texto: *SALVIS /AVGVSTIS / FELIX / VALENTI / NVS*. Las dos primeras palabras se encuentran en diversas inscripciones relacionadas con el culto del emperador. Era una aclamación augural en expresiones tales como *Salvis Augustis multis annis feliciter.* Probablemente se trataba de un sintagma formulario de salutación dedicado a un mandatario en calidad de Augusto. En otros contextos su interpretación y función gramatical resulta dudosa.[158] Tal sucede aquí. La representación de un águila evoca un destino imperial.[159] El hecho de que el nombre *Valentinus* coincida con el que ostenta el dedicatario en el f. 1r permite conjeturar una identificación con la misma persona. Filócalo le dedicaba su composición y aludía a su condición de cristiano.[160]

Fig. 27: Salutación augural a Valentino.
Città del Vaticano, BAV, Cod. Vat. Barb. lat. 2154, pt. B (R1), f.6r.

---

[158] Isabel Rodà, «Documentos e imágenes de culto imperial en la Tarraconense septentrional» en *Culto imperial: política y poder. Actas del Congreso Internacional, Hispania Antigua*: Univ. de Sevilla, 2006, pp. 739-761.

[159] Esta simbología quizá auguraba un futuro político brillante para Valentino de parte de su amigo. No hay noticias ciertas sobre la identidad del dedicatario. Se conjetura que quizá llegó a ser dux Illirici (a. 349) o bien consularis Piceni (a. 365).

[160] Filócalo fue el autor material de las imágenes y, quizá también, el redactor o compilador de los textos.

En la siguiente imagen (f. 18r) se establece una relación de las fechas natalicias de diecinueve césares[161] de distintas épocas. Esta información cronológica se ha inscrito en un escenario arquitectónico formado por una construcción porticada que contiene en la parte superior un arco doble de medio punto. En el tímpano está dibujado el busto de un personaje nimbado[162] que sostiene en la mano derecha un *globus* sobre el cual está posada un ave fénix. A un lado y otro de esta figura se encuentran sendas Victorias aladas. Se trata de una representación simbólica y enfática del poder imperial. Debajo se lee el título del contenido: *NATALES CAESARVM.*[163] En el dintel se aprecia una mano exenta que empuña una *penna*. A continuación, hay otros dos arcos apoyados en unas columnas de estilo corintio. En los dos vanos se han reproducido los nombres de los titulares con su correspondiente fecha de nacimiento. El espacio se ha distribuido dividiendo el período anual en dos sectores encabezados por los nombres de los meses de enero y agosto. Todo el conjunto está ornamentado con motivos geométricos varios.

El listado comprende los nombres de diecinueve magistrados supremos, enumerados según el día y el mes de su nacimiento, pero sin orden cronológico alguno. Comienza con la figura de Lucio Elio César y termina con Tito Flavio Vespasiano. Incluye a mandatarios que ejercieron brevemente el cargo de emperador, tales como Publio Helvio Pertinax († 193).

Tras las fechas natalicias de algunos césares, se procede a describir los planetas que integran la semana astrológica, la cual comienza en el día dedicado a Saturno. A continuación, figuran Sol, Luna, Marte y Mercurio (ff. 8r, 9r, 10r, 11r, 12r). Faltan las representaciones de Júpiter y Venus. Las imágenes de algunos días están desplazadas respecto del orden habitual en el marco de la semana:

f. 8r: Saturno	1
f. 9r: Marte	4
f. 10r: Mercurio	5
f. 11r: Sol	2
f. 12r: Luna	3

---

[161] El término *Caesar* se convirtió en un apelativo que designaba a un mandatario importante a partir del emperador Adriano. Se podía utilizar como un vocablo sinónimo de *imperator*. Posteriormente se estableció una gradación en cuanto a la esfera del poder político. La voz *Augustus* se aplicaba al primer nivel de autoridad, y *Caesar,* al segundo. Este hecho queda reflejado en las denominaciones de los dos cónsules representados en las figs. 30 y 31.

[162] Este atributo significaba que la persona portadora del mismo pertenecía a un alto rango social.

[163] Esto es, fechas natalicias de supremos mandatarios.

Fig. 28: Lista de los *Natales Caesarum*: fechas natalicias de algunos césares.
Città del Vaticano, BAV, Cod. Vat. Barb. lat. 2154, pt. B (R1), f.7r.

En el s. IV la agrupación de los *dies nundinales*, representados por las letras
A-H, habían perdido su monopolio. La sustitución de este sistema por el
concepto de *septimana* o *hebdomada* se tradujo en la adopción de un criterio
basado en la dedicación de cada día de la semana a una divinidad astral. Los
nombres de los planetas conocidos y deificados son: Saturno, Sol, Luna, Marte,
Mercurio, Júpiter y Venus.[164]

La predicción del futuro se basaba en la posición relativa de los astros y de
los signos del Zodiaco en un momento dado. La palabra griega *horóscopo* significa
literalmente «observar la hora» en lo que atañe al momento del nacimiento o de

---

[164] Obsérvese que en la actualidad aún perviven en español los nombres latinos de lunes a
viernes.

la consulta planteada. Por tal motivo, la jornada completa es dividida en dos secciones de doce horas cada una, tanto la parte nocturna como la diurna.

De acuerdo con los factores de la hora y la tutela del dios astral en cuestión se obtiene un tipo de predicción en cada caso. El ritmo de actuación se repite a lo largo de todo el ciclo de 24 horas. La clave interpretativa de la prescripción se expresaba mediante una palabra abreviada (*B, C, N*). El código es como sigue:

B = *Bonus*
C = *Communis*
N = *Nefastus, Noxius*

La disposición gráfica del cuadro es la siguiente:

Horas nocturnas

Hora	Día de la semana	Tipo de predicción
I	Saturno	N
II	Júpiter	B
III	Marte	C
IV	Sol	N
V	Venus	B
VI	Mercurio	C
VII	Luna	C
VIII	Saturno	N
IX	Júpiter	B
X	Marte	N
XI	Sol	C
XII	Venus	B

Horas diurnas

Hora	Día de la semana	Tipo de predicción
I	Mercurio	C
II	Luna	C
III	Saturno	N
IV	Júpiter	B
V	Marte	N
VI	Sol	C
VII	Venus	B
VIII	Mercurio	C
IX	Luna	C
X	Saturno	N
XI	Júpiter	B
XII	Marte	N

A título de ejemplo, se comentará un caso concreto. El f. 10r está dedicado a exponer los datos astrológicos correspondientes al día de la semana dedicado al dios Mercurio. La escena representa una estructura arquitectónica. Se trata de una construcción porticada que contiene en la parte superior un arco triple de medio punto. A ambos lados hay dos medallones con unos bustos relacionados con el personaje retratado. En el vano se exhibe la figura del dios en todo su esplendor bajo la forma de un bello joven desnudo, portador de los atributos tradicionales, tales como el pétaso[165] con dos pequeñas alas adosadas, el caduceo,[166] unas alas talares en los pies y un saco de monedas en la mano derecha. En ambos espacios laterales se han insertado los datos astrológicos. Debajo de esta estructura hay una especie de entablamento que se sustenta sobre dos figuras tenantes. En el espacio intermedio se ha escrito el nombre del dios: *MERCVRI DIES C*, lo cual significa que ese día de la semana es común. A continuación, debajo en una lápida se explicitan para el recién nacido unos pronósticos genéricos en consonancia con algunas características atribuidas a Mercurio y vinculadas al ámbito del comercio,[167] tales como sugerir que al interesado le resultará favorable el mundo de los negocios; será una persona activa; si se pierde, será encontrado; se curará rápido en caso de enfermedad; y será descubierto, si roba:

MERCVRI DIES C
Mercuri dies horaque eius cum erit/
nocturna siue diurna vilicum actorem /
institore in negotio ponere utile est, /
qui nascentur vitale erunt, qui re- /
cesserit, inuenietur, qui decubuerit /
cito conualescet, furtum factaum inuenietur[168].

---

[165] Sombrero de ala ancha que usaban los griegos y romanos para protegerse del sol y de la lluvia, especialmente en viajes y cacerías.

[166] Vara delgada, lisa y cilíndrica, rodeada de dos culebras, la cual es actualmente un símbolo del comercio.

[167] El nombre de la deidad deriva de una raíz latina que significa «mercancía» (*merx*) y «comerciar» (*mercari*).

[168] Se han conservado las grafías del texto.

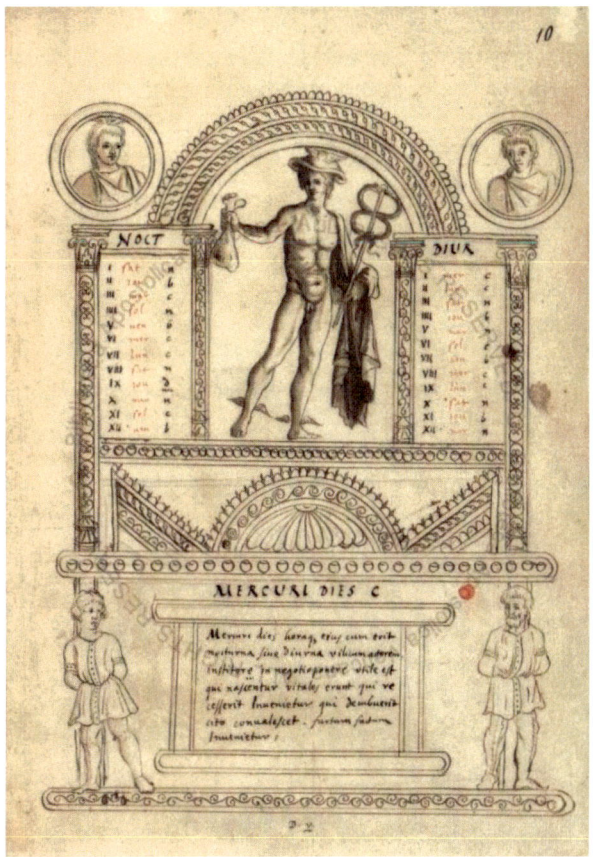

Fig. 29: Descripción del ciclo semanal astrológico. Día consagrado al dios Mercurio. Città del Vaticano, BAV, Cod. Vat. Barb. lat. 2154, pt. B (R1), f.10r.

Las imágenes correspondientes a Saturno, Sol, Luna y Marte han recibido un tratamiento icónico y textual similar (ff. 8r,11r, 12r y 9r).

Los folios 13r y 14r reproducen las figuras de los dos representantes de la magistratura de más alto rango jerárquico en el Imperio. Como era habitual, van vestidos con la túnica *laticlavia* y la trábea *praetexta*, adornadas con una ancha franja de púrpura. La prenda exterior es riquísima en ambos casos. Es una toga *picta*. El cúmulo de bordados, medallones y adornos exhibidos testimonian una estética orientalizante y decadente. En la mano derecha sostienen el cetro de marfil (*scipio eburneus*), símbolo de su autoridad. Los pies van calzados con unos zapatos, propios del cargo ostentado (*calcei senatorii*), que eran de color rojo intenso y se ataban con unos cordones de cuero flexible.

Los retratos de los dos magistrados, de cuerpo entero, están situados en un escenario convencional de tipo arquitectónico. Hay un frontón columnado. Debajo, y a ambos lados de las figuras, penden unas cortinas que realzan la importancia de los personajes, hecho que también se subraya a través del halo que ostentan en torno a su cabeza. El primer efigiado corresponde al magistrado

Flavius Iulius Constantius, Augustus, el cual aparece sentado con todos sus atributos en un sitial.[169] Con la mano derecha distribuye abundantes monedas, evidente gesto que ensalza su comportamiento munífico.

Fig. 30: Retrato del cónsul *Flavius Iulius Constantius, Augustus*.[170]
Città del Vaticano, BAV, Cod. Vat. Barb. lat. 2154, pt.B (R1), f.13r.

El segundo retrato reproduce la imagen de *Flavius Constantius Gallus, Caesar*.[171] El magistrado es representado de pie. En su mano derecha exhibe una estatua de la Victoria alada. Con la izquierda sostiene el cetro. A sus pies hay un saco grande lleno de monedas como indica el signo abreviativo.[172] El simbolismo es el mismo que en el caso anterior. El poderío político reside en la

---

[169] Fue uno de los hijos de Constancio Cloro, emperador de Occidente y de su segunda esposa, Flavia Maximiana Teodora.

[170] Este término significa el primer nivel de autoridad.

[171] César del Imperio romano de Oriente y cónsul tres años consecutivos, desde 352 a 354.

[172] La importancia concedida a la riqueza monetarizada se subraya en cuatro imágenes (figs. Ciudad de Constantinopla, Mercurio y los dos cónsules).

dispensación de bienes. Estos dos personajes ejercieron sus magistraturas en torno a los años 352-354.

Fig. 31: Retrato del cónsul *Flavius Claudius Constantius Gallus, Caesar.*[173]
Città del Vaticano, BAV, Cod. Vat. Barb. lat. 2154, pt. B (R1), f.14r.

---

[173] Este término significa el segundo nivel de autoridad.

El ms. aquí descrito debería haber contenido la reproducción de los doce signos del Zodiaco,[174] pero, en realidad, solo se representan los seis últimos. En el folio 15 hay una nota tardía añadida que señala la razón de la omisión:

> Segni del Zodiaco inserti nelli mesi del Kalendario MS. Constantiniano, che si erano omessi per inavertenza quando si mandarono i dissegni dell'altre figure di detto Kalendario.

En el recto de la hoja se han dibujado seis medallones que se corresponden con los signos de Piscis, Leo, Virgo, Libra, Escorpión y Capricornio. Las imágenes reproducen los diseños habituales:

- Dos peces
- Un león rampante
- Una figura femenina alada con un caduceo
- Una figura masculina con una balanza
- Un escorpión
- Una cabra de forma peculiar

Estos signos astrológicos fueron objeto de una especial atención en esta época ya que se les otorgó presuntamente la facultad de predecir el futuro a través de la posición relativa de los astros y de las constelaciones en un momento dado. La creencia en tales hechos circunstanciales alcanzó un enorme desarrollo en la etapa finisecular del Imperio occidental.

La última parte del ms. de Filócalo debería haber estado dedicada a presentar una división del tiempo astronómico en doce períodos. Como dichos períodos del año no coincidían con los signos zodiacales ni tenían una clara dependencia de otros elementos que no fuesen el ciclo lunar y solar, se fueron componiendo unos modelos iconográficos tipificados para caracterizar textual y visualmente cada unidad.[175] Los meses fueron representados de manera figurativa mediante un personaje que encarnaba de manera simbólica los rasgos más característicos de cada período temporal de ese tipo. En la versión del ms. aquí estudiado el procedimiento empleado es una ilustración a toda página completada con unos dísticos colocados en el margen externo.[176] De esta serie se conservan los meses de enero,[177] febrero, marzo, agosto, septiembre, octubre, noviembre y diciembre. Las unidades que faltan (abril, mayo, junio y julio) se deben a la pérdida de los correspondientes folios.

---

[174] Zona o faja celeste por cuyo centro pasa la eclíptica y que comprende los doce signos, casas o constelaciones que recorren el Sol en su curso anual aparente, a saber, Aries, Tauro, Géminis, Cáncer, Leo, Virgo, Libra, Escorpión, Sagitario, Capricornio, Acuario y Piscis.

[175] Edward Courtney, «The Roman Months in Art and Literature», *Museum Helveticum*, 45/1, 1988, pp. 33-57.

[176] Salvo el mes de enero.

[177] Esta ilustración es una adición más tardía.

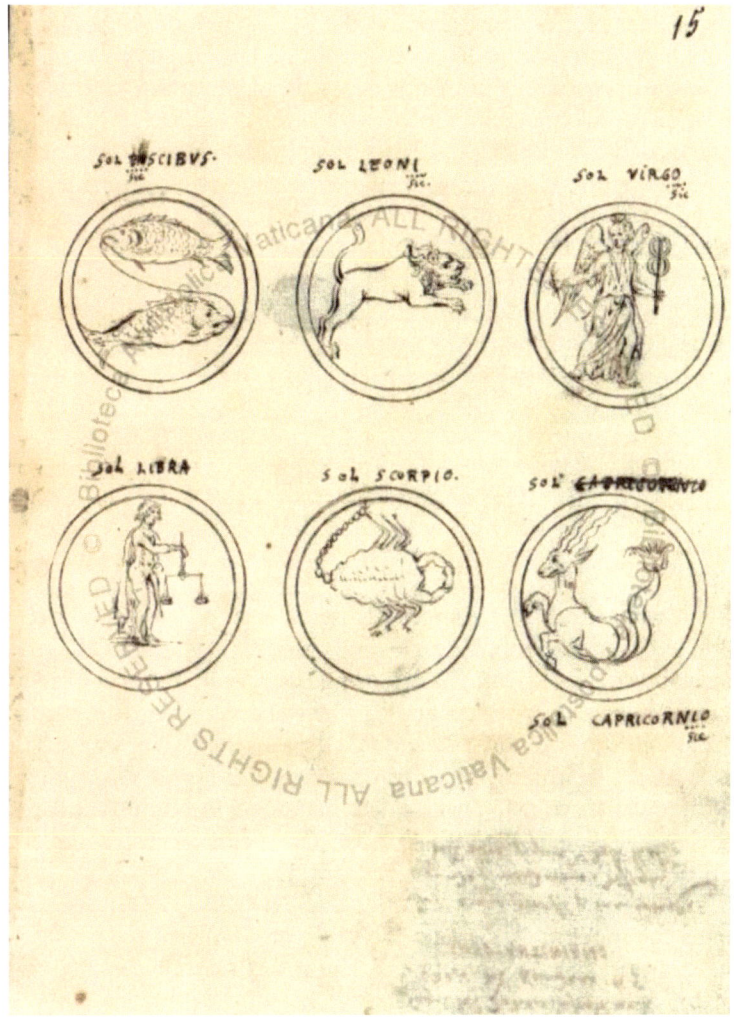

Fig. 32: Descripción del ciclo zodiacal. Seis signos del Zodiaco.
Città del Vaticano, BAV, Cod. Vat. Barb. lat. 2154, pt. B (R1), f. 15r.

A título indicativo, comentaré la página dedicada al mes de marzo, el cual fue desplazado al tercer lugar, a efectos de cómputo, tras el cambio operado del calendario en el siglo II a.C., como ya se ha comentado. Es decir, este período cronológico dejó de señalar el comienzo del año. La caracterización de la deidad se centró en diversos elementos afines con la meteorología.[178] La advocación a la figura de Marte estaba justificada por ser en esta época cuando se activaban todas las operaciones bélicas. Por otra parte, la coincidencia temporal con la llegada del buen tiempo suponía el reinicio de las tareas agrícolas y el impulso general de otras ocupaciones. Estas coyunturas fueron factores determinantes

---

[178] Los signos zodiacales que corresponden a este mes son Piscis y Aries.

en el campo de la representación simbólica. Según el esquema icónico aplicado en esta obra, se ha reproducido un escenario de tipo arquitectónico, formado por un frontón compuesto por unos arcos de medio punto apoyados en los lados diagonales del triángulo. Debajo del tímpano se lee: *Mensis Martius,* es decir, un mes dedicado a este dios. En el vano de la estructura sustentante se ha reproducido la figura de un varón, vestido con la piel de una loba, el cual sujeta con la mano izquierda un macho cabrío. El personaje indica con la mano derecha un recuadro en el que está dibujado un pájaro (¿*hirundo?*).[179] Hay otro revoloteando en el espacio. La presencia de estos insectívoros anuncia claramente el cambio de estación. En el fondo de la imagen hay una vasija y unos cestos. Un lector romano del siglo IV identificaría con facilidad el mensaje icónico, máxime si girando la imagen hacia la derecha, leyese las palabras de dos dísticos que rezan así:

> *Cinctum pelle lupae promptum est cognoscere mensem.*
> *Mars olli nomen, Mars dedit exuuias.*
> *Tempus ver haedus petulans et garrula hirundo*
> *Indicat et sinus lactis*[180] *et herba virens*

«Rápidamente podrás reconocer a la figura vestida con una piel de loba.
Marte le dio su nombre, Marte le dio la piel.
Un chivo arrogante y una charlatana golondrina anuncian la primavera.
Y también la vasija para recoger la leche y el reverdecer de la naturaleza».

Como se puede apreciar, los atributos del dios y los signos de la primavera han sido la fuente de inspiración de estos versos ideados para la tipificación del mes, el cual exalta la evolución cíclica de la naturaleza y el triunfo de la fertilidad. En el ms. se lee, debajo de la construcción arquitectónica de la escena representada:

CONDITA MAVORTIS MAGNO SUB NOMINE ROMA
«Roma fue fundada gracias al poder del gran Marte.»

Esta composición está incompleta. En otras fuentes la frase se cierra con estas dos oraciones conclusivas:

[*Non habet errorem; Romulus auctor erit*].
[«No se admiten dudas. Rómulo fue el fundador»].

Esta mención al vasto poder de Marte puede ser interpretada también en clave bélica, aspecto que no ha sido tratado en la evocación figurada de este dios.

---

[179] En el dístico figura la palabra «golondrina». Es un ave que representa simbólicamente la llegada de la primavera. Abundan los poemas y cánticos que glosan esta llegada en la literatura clásica grecolatina.

[180] Este objeto era también llamado *alveus lactis.* Era considerado simbólicamente un signo propio de la primavera.

Fig. 33: Descripción del ciclo mensual. Mes de Marzo.
Città del Vaticano, BAV, Cod. Vat. Barb. lat. 2154.pt.B (R1), f. 18r.

El ms. hasta aquí comentado acaba en el f. 23r con la descripción astrológica del mes de diciembre. No presenta ninguna fórmula de cierre ni otro dato final alguno, al menos en la versión tardía disponible en la actualidad. Tampoco hay ninguna alusión relacionada con el cristianismo, salvo las referencias iniciales comentadas. Este hecho llama la atención. Si se examina el contenido de la obra, se aprecian rasgos de una cultura «entretejida». La tradición pagana es el soporte de una religión en vías de expansión. El autor ha dedicado su producción a un tal Valentino, en términos de amistad, desde una óptica cristiana. A continuación, describe unos elementos cronográficos esenciales sobre la medición del tiempo en torno al año 354. Filócalo expone de manera desordenada los signos que definen la época: los retratos de los dos magistrados reinantes en el período de composición de la obra original; la representación simbólica correspondiente a cuatro ciudades de gran importancia territorial, en clave del poder político; la dedicación de los días de las semanas y de los meses a divinidades predictoras; la incidencia de los signos zodiacales, etc. Resulta evidente que este ejemplar no contiene un calendario sistemático y práctico, como sucede con el ms. farnesiano del s. I, sino un conjunto de conocimientos que traslucen una concepción del tiempo vinculada a una cultura pagana, entreverada de tradiciones legendarias estereotipadas. Muchos de los asuntos aquí expuestos son de naturaleza astrológica en su faceta funcional.

Un aspecto singular para un lector moderno es constatar el proceso de divinización establecido en torno a los principales mandatarios sobre todo en el Bajo Imperio. El adjetivo *divus* se le otorgó a Julio César tras su muerte. Aún en vida de Augusto se inició el culto imperial. La lectura del texto biográfico titulado *Res gestae divi Augusti*,[181] al margen de la dudosa autoría, es muy ilustrativo porque refleja todos los aspectos que debía atender un hombre de Estado. El *cursus honorum* exigía triunfos bélicos, don de mando, financiación y erección de numerosas construcciones, exhibición de un desmedido orgullo de su persona, una autoestima desmesurada, etc. Tales rasgos potenciaban la imagen simbólica del *Sol Invictus*, una antigua deidad de la religión romana, considerada como un modelo a imitar.[182]

El doble tratamiento temático practicado en esta época, paganismo *vs.* cristianismo, confirma la coexistencia de dos varas de medir. La mayoría de las personas profesaba unas creencias religiosas, que podían ser de diversos signos, pero, al mismo tiempo, sintonizaba y adoptaba el modelo sociológico dominante en la vida real. Esta dicotomía estaba perfectamente asumida por todos. El desarrollo de tales tendencias eclécticas presagiaba el inicio de un proceso de deterioro político, cultural y funcional de una sociedad que se encaminaba hacia el final de una civilización brillante y poderosa.

Una versión cronográfica tardía

Otro texto representativo del tratamiento de una temática ecléctica en fecha tardía es un tratado heterogéneo atribuido a Polemio Silvio (s. V). Este escritor, vinculado a ambientes cristianos, vivió en el sudeste de la Galia. Fue amigo de Hilario de Arlés y estuvo al servicio del obispo Euquerio de Lyon.[183] Su obra (a. 448-449) es un repertorio que consta de varias partes. Trata asuntos

---

[181] Antonio Alvar Ezquerra, «Estudio y edición de las Res gestae divi Augusti», pp. 109-140. 1537 (1) pdf. Véase también Concepta Barini (ed.), *Res Gestae Divi Augusti; ex Monumentis Ancyrano Antiocheno Apolloniensi*, Romae: Typis Regiae Officinae Polygraphicae, 1937.

[182] La festividad se celebraba el día 25 de diciembre. Esta fecha quizá propició el establecimiento del nacimiento hipotético de Cristo en esa data.

[183] Beda también cita a este autor como referente.

diversos,[184] tales como datos meteorológicos, procedimientos médicos, fechas estacionales y los días egipcíacos, considerados poco propicios para abordar nuevos negocios u operaciones importantes. La autoría es dudosa,[185] no obstante, el texto es siempre citado bajo su nombre.[186] El título generalizado de este tipo de obras es *Laterculus*.[187] En realidad, es un recetario de distintas materias, pero no es un instrumento de calendación.

Como cierre de este apartado, parece oportuno exponer algunas conclusiones. La temática del cronógrafo-almanaque fue tratada mayoritariamente a través de una producción elaborada según unos criterios paganos desde sus orígenes. El examen de los testimonios, tanto en sus versiones públicas monumentales como en los ejemplares mss. revelan, que fueron obras de carácter utilitario. En el segundo caso, eran productos destinados a la especial atención de los miembros de una clase patricia.

El proceso evolutivo del calendario al final de la época imperial ha sido estudiado por Antonio Jiménez Sánchez. Su tesis doctoral[188] supuso el inicio de una línea de investigación propia que ha continuado ampliando en sucesivas publicaciones. Este autor sostiene que la transformación del calendario lúdico en uno religioso se produjo durante la primera mitad del siglo V.[189]

La evolución del sistema de calendación refleja un proceso de adaptación a los cambios políticos, culturales y sociales sobrevenidos. Los cuatro primeros siglos de nuestra Era ofrecen un panorama histórico rico y complejo en lo que se refiere a los gobernantes que estuvieron al frente del Imperio romano. Hasta comienzos de la tercera centuria el poder político estuvo en manos de grandes familias: los Julio-Claudio (27 a.C. – 68 d.C); los Flavios (69-96); y los Antoninos (96-192). Algunos estudiosos consideran que tras la muerte de Marco Aurelio (180) se acabó una etapa áurea y se inició una edad de hierro. El reinado de Septimio Severo (193-211) supuso el final de un modo dinástico de alcanzar el poder político. Véase el cronograma que figura al final de este capítulo. Ciertamente, la gran crisis del mundo antiguo se fraguó en el siglo III. Incluso se ha llegado a afirmar que el estrangulamiento de Cómodo (el 31 de diciembre del año 192) puede ser considerado un hecho que marcó definitivamente el fin de una época.

---

[184] El de mayor interés es de carácter zootécnico. Solo se conserva un ms.: Bruxelles, Bibl. Royale, 10615-10729.

[185] David Paniagua, *Lexicológica: El latercvlvs de Polemio Silvio*. Ediciones Universidad de Salamanca. *Voces*, 16 (2005), pp. 111-124.

[186] Giusto Traina, *428 AD: An Ordinary Year at the End of the Roman Empire*. Princeton University Press, 2009. Edición original en italiano 2007.

[187] En sentido figurado significa «pequeño prontuario o repertorio»; etimológicamente «pequeño ladrillo». Este autor también evoca la temática del *Calendario del año 345*.

[188] *Poder imperial y espectáculos en occidente durante la antigüedad tardía*. http://hdl.handle.net/ 2445/42618.

[189] «Santos, obispos y reliquias». *Actas del III Encuentro Hispania en la Antigüedad Tardía*. Alcalá de Henares, 2003, pp. 209-215.

A partir del mandato de Constantino I se percibe un intento colectivo de sintonizar con tendencias de una sociedad de nuevo cuño. El cultivo de prácticas religiosas, ajenas a las paganas, fue autorizado por parte del poder político. El tipo de calendario se fue adaptando a la creación de un modelo conceptualmente más en consonancia con la cultura de la época. El cambio no fue brusco. En muchos aspectos coexistieron principios teóricos y actuaciones prácticas de signo pagano y cristiano simultáneamente, según se ha visto en páginas precedentes. Por ejemplo, se observa una tendencia a no divinizar a los emperadores. En el calendario de Polemio Silvio el emperador Adriano es mencionado así: *Natalis Hadriani, circenses* en lugar de *N. Divi. Hadriani.* Asimismo, se introdujeron en el calendario nuevas festividades relacionadas con el culto cristiano, las cuales no figuraban en el ms. de Filócalo. Se empiezan a conmemorar episodios de la vida de Cristo, incluido su nacimiento: *Natalis Domini* (25 de diciembre), la Epifanía, etc. La introducción de fiestas martirológicas se produce paulatinamente en el s. IV. Como ya se ha comentado, en el calendario de Filócalo se encuentra el texto de la *Depositio martyrum*. Se trata del ferial más antiguo de la Iglesia cristiana. Este testimonio revela la voluntad de esta institución religiosa de promocionar un auténtico y nuevo instrumento para conmemorar determinadas fechas al margen de las civiles. El año litúrgico comenzaba en Navidad (*natus Christi in Betleen Iudeae*). El culto relativo a los mártires se centraba especialmente en los meses de verano motivado por los azares de la persecución. También hay que tener en cuenta otro hecho: las fiestas paganas tenían lugar en esas mismas fechas. Por tal razón muchos cristianos condenados eran ajusticiados públicamente en esos días como parte de los espectáculos circenses. Poco a poco los emperadores de finales del s. IV procuraron respetar ciertas solemnidades de la nueva religión en auge. El sistema de cómputo del tiempo cambió y, por supuesto, también los calendarios.

En definitiva, el conjunto de los temas tratados hasta aquí constituye un significativo resumen del ritmo de la vida urbana y de las prácticas sociales cultivadas por individuos de toda condición en la Antigüedad tardía.[190] Los medios de información cronológica eran escasos y de difícil acceso, por ello hay que reconocer los servicios prestados por los calendarios tradicionales y subsidiariamente por los almanaques, unos instrumentos de comunicación social eficaces y perdurables.

Los métodos empleados para la medición del tiempo en la Roma imperial refleja el gran desarrollo que alcanzó la sociedad latina desde un punto de vista institucional. Los medios ideados a tal fin y las reformas cronográficas introducidas generaron un tipo de herramienta muy funcional. Prueba de ello es que la estructura básica de los calendarios ha perdurado en el tiempo. En el área occidental la planificación cronológica es deudora de su sistema.

El análisis de los testimonios conservados permite reconstruir los principales rasgos aplicados, en términos históricos, y también la gran

---

[190] Michele Renee Salzman, *On Roman Time: the codex-calendar of 354 and the Rhythyms of urban life in late Antiquity.* Berkeley: University of California Press, 1990.

combinatoria de datos de varia procedencia. La conceptualización del tiempo en el s. I es admirable y sorprende por su modernidad el procedimiento ideado para expresar de manera abreviada toda la información necesaria a este respecto. La vía de la descodificación para acceder al contenido de los calendarios públicos tal vez no era viable para amplios sectores de la población. El aprendizaje del mecanismo se adquiriría probablemente a través de la práctica.

Listado completo de las figuras del ms. de Furio Dionisio Filócalo

Folios	Figuras[191]
1r.	Frontispicio (fig. 25)
2r.	Personificación de la ciudad de Roma
3r.	Personificación de la ciudad de Alejandría
4r.	Personificación de la ciudad de Constantinopla (fig. 26)
5r.	Personificación de la ciudad de Tréveris
6r.	Salutación a Valentino (fig. 27)
7r.	*Natales Caesarum* (enero / agosto) (fig. 28)
8r.	Descripción de la semana astrológica. Saturno
9r.	Descripción de la semana astrológica. Marte
10r.	Descripción del mes astrológico. Mercurio (fig. 29)
11r.	Descripción de la semana astrológico. Sol
12	Descripción de la semana astrológica. Luna
13r.	Retrato de cuerpo entero del cónsul *Flavius Iulius Constantius Augustus* (fig. 30)
14r.	Retrato de cuerpo entero del cónsul *Flavius Claudius Constantius Gallus Caesar* (fig.31)
15r.	Reproducción de algunos signos del Zodíaco (fig. 32)
16r.	Mes de enero
17r.	Mes de febrero
18r.	Mes de marzo (fig. 33)
19	Mes de agosto
20	Mes de septiembre
21	Mes de octubre
22	Mes de noviembre
23	Mes de diciembre

Hacia un calendario eclesiástico medieval

La Cronología es una disciplina que tiene por objeto determinar el orden y las fechas de los sucesos históricos. Esta definición académica es insuficiente. El auténtico campo de estudio de esta materia es el tiempo en tanto que magnitud física que rige la duración de las cosas sujetas a mudanza. La administración del espacio cronológico ha originado múltiples planteamientos

---

[191] En esta obra tan solo se han reproducido las figuras numeradas entre paréntesis.

en todas las culturas. En el ámbito occidental se han elaborado distintas fórmulas para resolver la problemática de esta dimensión. Los modelos han sufrido modificaciones en función de la evolución de intereses sociales, políticos o religiosos. Cuando se estudia esa magnitud en lo que respecta a la organización y la distribución de tal materia, es preciso aplicar principios aritméticos y astronómicos principalmente.

La decadencia progresiva de la estructura política imperial facilitó el advenimiento de una nueva concepción sociológica y cultural del mundo occidental en todos sus aspectos. La producción escrita empezó a ser mayoritariamente de carácter religioso. En verdad, el proceso de cristianización del calendario no se produjo claramente hasta la figura de san Gregorio Magno (590-604).

El patrón eclesiástico vigente a lo largo de toda la Edad Media era lunisolar. La Iglesia había estableció fiestas fijas y movibles. La fecha de la Natividad era celebrada con relación al calendario solar; la Pascua y todas las fiestas que están en relación con ella se determinaban por el calendario lunar.

Desde el punto de vista litúrgico conocer la fecha de la Pascua constituía un referente obligado, ya que la señalización de las fiestas movibles se establecía en función de dicho día, en torno al cual gira la distribución del año eclesiástico. A tal fin había que conciliar el ciclo solar, el lunar y los términos establecidos por la tradición cristiana. La necesidad de hallar unas claves que facilitasen estas operaciones originó la búsqueda de procedimientos aritméticos que resolviesen tales problemas.

Las innovaciones fueron paulatinas. El día era contado de acuerdo con una expresión tópica *de vesperis ad vesperas*. Hay que recordar que el concepto de jornada laborable se extendía desde el amanecer hasta la puesta del sol. La duración de las horas era variable a lo largo del año, según las estaciones. Solo era fijo el mediodía (*meridies*). La noche se dividía en 4 turnos de guardias (*vigiliae*), desde la puesta del sol hasta su salida. Esta división reproducía el ritmo de cambio de las rondas nocturnas en el ejército.

El día del Sol, según la tradición pagana, pasó a estar dedicado al Señor: *Dies Dominicus*, por tanto, cobró importancia la jornada que hoy llamamos «domingo». De esta manera se reforzó el concepto de semana. Esta modificación se observa en el vocabulario:

Feriae
Dies Dominicus [I]: A
II   B
III   C
IV   D
V   E
VI   F
VII   G

Además del culto divino se fueron estableciendo otras conmemoraciones. La *Depositio martyrum* y la *Depositio episcoporum* eran textos que formaban parte de los calendarios eclesiásticos más antiguos. También se encuentran ambos en el

Calendario filocaliano del año 354, aquí estudiado. Otra fuente importante es el *Liber Pontificalis,* una compilación de reseñas biográficas de los primeros papas, desde san Pedro hasta Esteban V. En esta obra se recoge una lista de 23 fiestas de santos. Entre los siglos V y VIII se intensifica el culto de los mártires y se difunden vidas de santos y leyendas. Más tarde, en torno a los siglos XII y XIII se inicia la inserción de santos contemporáneos. A partir del s. XVII se comienza, bajo los auspicios de Jean Bolland, la publicación de las *Acta Sanctorum,* la recopilación más importante existente de tipo hagiográfico.

A pesar de las diferencias temáticas, se conservaron en la estructura del calendario, como instrumento, criterios clásicos en la forma de concebir el paso del tiempo, tales como señalar el comienzo y el nombre del mes en el epígrafe de cada hoja del ejemplar ms.;[192] indicar el cómputo de días solares y lunares; expresar el Número áureo que señalaba el orden que corresponde a un año dentro del ciclo establecido por Metón; insertar la Letra dominical que marca a través de los primeros signos del alfabeto (A-G) el ciclo de los días de la semana; reproducir las abreviaturas que informan de manera retrógrada el paso de los días según el criterio clásico tripartito, etc.[193] Muchos de estos arcaísmos se han conservado durante siglos. La auténtica novedad consistió en sustituir la información sobre las efemérides paganas por el santoral o lista de festividades cristianas celebradas. En consecuencia, el sistema estructural del calendario juliano se conservó hasta las últimas décadas del s. XVI. A título de ejemplo, se ofrece una página de muestra (Fig. 34). Obsérvese que todos los datos de encabezamiento del mes reproducido (julio) proceden de la calendación profana. La única novedad es el nombre del santo conmemorado, el cual inicia la serie mensual: *sanctus Eparchus,* un monje sinaítico del río Nilo, abad.

Nombre del mes.		*Número de días del mes.*		
Iulius		XXXI		
KL	*Comienzo del mes*	*Ciclo de la luna*		XXX
Nº *áureo*	*Letra dominical*		*Fases de la luna*	Santoral
XIX	G	*Nonae*		*Eparchi abbatis*

---

[192] A veces se añadían unos versos atribuidos al monje Beda.

[193] En algún caso también se indicaban los días egipcíacos.

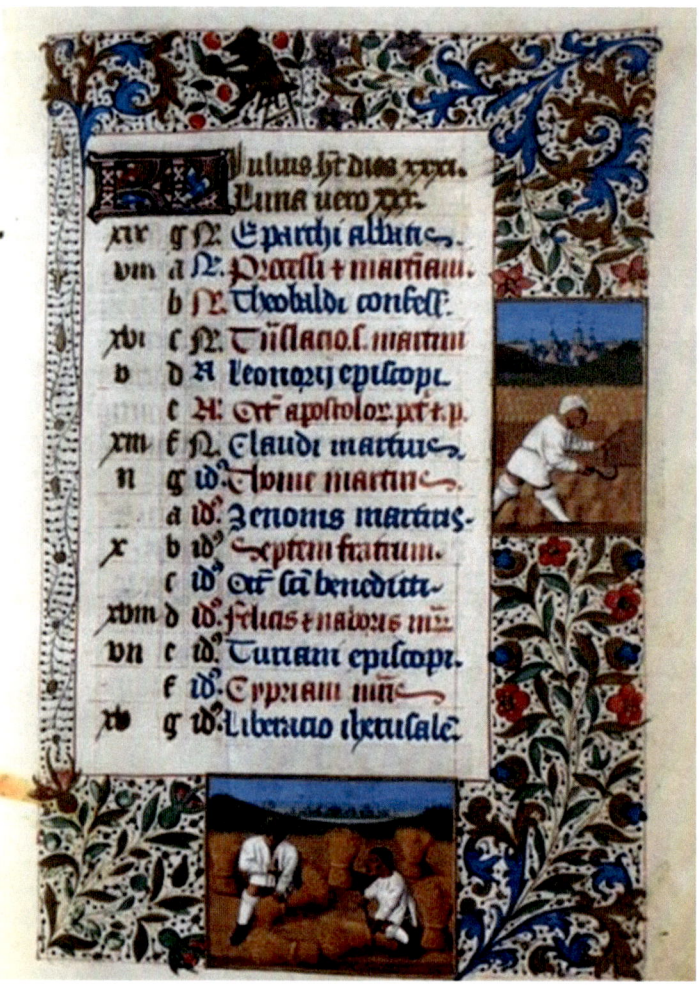

Fig. 34: Calendario. Mes de julio. *Libro de Horas de los retablos,* s. XV.
Madrid, BNE, ms. 25-3, f. 9r.

La falta de un mismo patrón eucológico a lo largo del año, que regulase la forma y la distribución del tiempo consagrado a Dios, propició el establecimiento de algunos recursos materiales como soluciones posibles, sobre todo a nivel de simples fieles. Resultaba imprescindible disponer de unos textos concretos para conocer el ritual que se debería seguir en el desarrollo del culto litúrgico de cada año. La complejidad y la variabilidad anual de determinados ciclos requería la posesión de un calendario actualizable. Esta necesidad propició la confección de un cuaderno exento, en forma de un senión, que permitiese su utilización en otros ejemplares. Otro método consistía en instruir al usuario en el manejo de unas tablas que le permitiesen, mediante la aplicación de unos cálculos, actualizar en su momento y de manera sucesiva determinados textos de rezo. La manera de poder solucionar este problema queda reflejada incluso en libros impresos. A título de ejemplo, véase el siguiente devocionario, donde se enseña a los fieles el modo de identificar la Letra dominical y el Número áureo de cada año con el fin de averiguar la fecha de la Pascua (figs. 35 y 36).

Figs. 35 y 36: Diagramas para hallar la Letra dominical y el Número áureo en un Libro de Horas. Paris: Nicolao Higman [sin año][194]

La reforma gregoriana del calendario

El tipo de cómputo practicado mediante la técnica del calendario juliano era perfectible desde un punto de vista astronómico. Por ello, durante el pontificado de Gregorio XIII (1572-1585) se decidió reformar el sistema de calendación vigente. El objetivo fundamental era establecer una data exacta del equinoccio de primavera con la finalidad de respetar la fecha en la que se debería celebrar la Pascua de Resurrección según la doctrina de la Iglesia.

Desde el punto de vista litúrgico conocer dicha fecha constituía un referente obligado, ya que la señalización de las fiestas movibles se establecía en función de dicho día, en torno al cual gira la distribución temporal del año eclesiástico. A tal fin había que conciliar el ciclo solar, el lunar y los términos

---

[194] *Circa* 1502-1509.

establecidos por la tradición cristiana. La necesidad de hallar unas claves que facilitasen estas operaciones originó la búsqueda de procedimientos aritméticos y astronómicos que resolviesen tales problemas. Tal fue el objetivo perseguido por la reforma gregoriana. El resultado de la importante operación de renovación del cómputo astronómico se saldó con la supresión de 10 días en el calendario para ajustar las fechas. En el año de 1582 se pasó del día 4 de octubre al día 15 de ese mes. Este cambio se aplicó en España, Portugal e Italia en el mismo día de su implantación en Roma y, en consecuencia, se produjo un salto desde el jueves 4 al viernes 15 de octubre. Esta modificación fue aceptada desde sus comienzos por esas tres naciones. En la figura adjunta se expresa de manera muy didáctica el paso del día 4 al 15 del mes de octubre de 1582.

Fig. 37: Testimonio del establecimiento del calendario pontificio gregoriano en Portugal, con indicación del cambio de fechas (del día 4 al 15 de octubre).

El abandono del sistema juliano y la aprobación del gregoriano es un factor que debe ser tenido en cuenta a la hora de establecer dataciones de cualquier tipo de escrito a partir de esa fecha.[195] La medición del tiempo eclesiástico, de uso generalizado, siguió siendo de tipo lunisolar. Se contemplaban fiestas fijas, y movibles que dependían de la fecha de la Pascua de Resurrección. Por ello, la determinación y cómputo de esa festividad tiene extrema importancia para el establecimiento del calendario litúrgico.

La reforma gregoriana a fines del s. XVI originó en el plano internacional de Occidente un fenómeno de adhesión a este nuevo modelo astronómico. Dicha operación, promovida por la Iglesia como institución, ha triunfado y sigue vigente en gran parte del planeta.

---

[195] La adopción fue progresiva en el resto de Occidente.

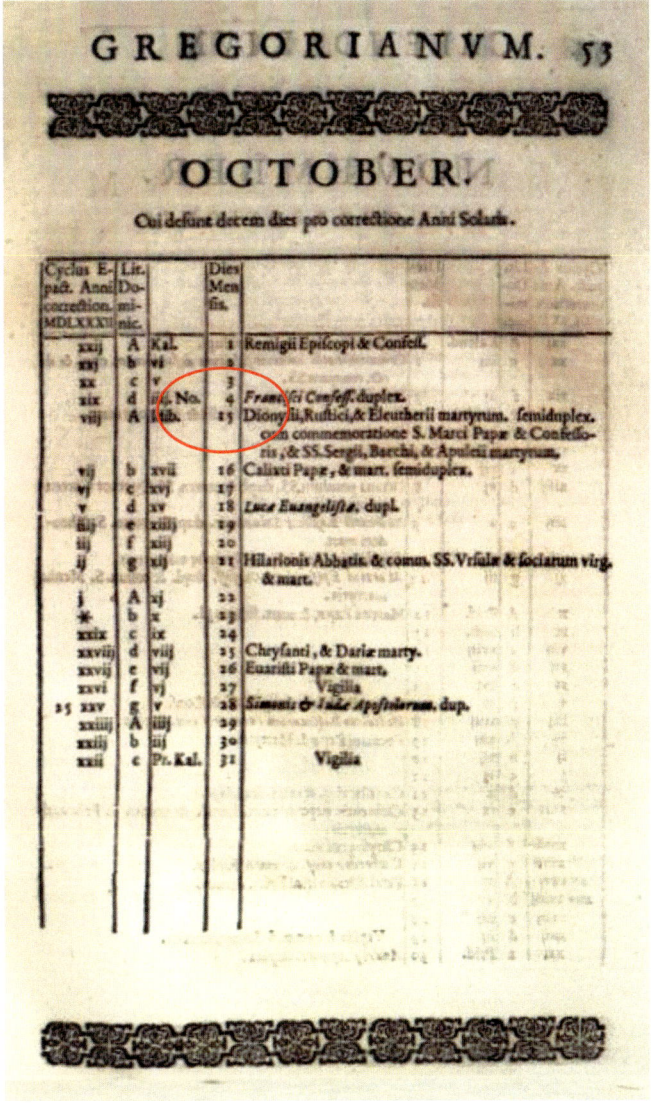

Fig. 38: Testimonio del establecimiento del calendario pontificio gregoriano, con
indicación del cambio de fechas (del día 4 al 15 de octubre)
Christoph Clavius, *Romani calendarii a Gregorio XIII P.M. restituti*, Romae, apud Aloysium
Zannetum, 1603, p. 53

Calendario eclesiástico vigente

Las reformas aprobadas en el Concilio Ecuménico Vaticano II, se
tradujeron en la revisión de algunas cuestiones importantes a efectos
eclesiásticos y litúrgicos. Su aplicación fue de carácter operativo desde el punto

de vista universal. El 1 de enero de 1972 entró en vigor un calendario particular para toda la Iglesia.[196]

Los elementos constitutivos esenciales en lo que respecta a la fecha de celebración de la Pascua no han sufrido ninguna innovación o cambio. En la fig. 39 se reproduce un programa muy completo sobre la composición litúrgica del calendario actual. Consta de cinco ciclos. La distribución de las fiestas y la organización de los tiempos quedan perfectamente combinados. La estructura del modelo actual es la siguiente:

CALENDARIO LITÚRGICO ECLESIÁSTICO		
	Fiestas fijas	Fiestas movibles
Ciclo de adviento	20 XI san Andrés	Tiempo de Adviento 1° Domingo de Adviento 27 XI-3 XII 4 domingos
Ciclo de la Natividad y de la Epifanía	25 XII Natividad 6 I Epifanía	Tiempo de Natividad 2 domingos Tiempo de Epifanía Hasta 6 domingos[197]
Ciclo de Cuaresma		Tiempo de Septuagésima 2 domingos Tiempo de Cuaresma 4 domingos Tiempo de Pasión 2 domingos
Ciclo de Pascua	25 III Anunciación	Tiempo de Pascua 22 III-25 IV Domingo de Pascua 7 domingos
Ciclo de Pentecostés		Tiempo de Pentecostés 17 V-20 VI Domingo de Trinidad 24 domingos[198]

Fig. 39: Calendario litúrgico vigente

En este punto y, a modo de conclusión de la exposición histórica, conviene hacer una reflexión. La voz griega χρόνος, cuya personificación nos devora, encierra la idea de «tiempo» y «medida». En consecuencia, es lógico que los seres humanos intentemos medir la duración de esa etapa vital disponible. En la actualidad, el usuario de una herramienta tecnológica, cuando inicia su funcionamiento, es receptor de un sistema de calendación muy cómodo y

---

[196] Véase *La reforma litúrgica del Concilio Vaticano II*. Centre de Pastoral Litúrgica de Barcelona. En este texto se enumeran los principales cambios.

[197] La extensión de este periodo depende de la fecha del domingo de Pascua.

[198] Desde Pentecostés hasta el Adviento no puede haber menos de 24 domínicas ni más de 28. Entre la 23 y la 24 de Pentecostés se han de intercalar eventualmente los domingos sobrantes de la Epifanía.

completo. En la esquina inferior derecha de la pantalla se indica la hora actual, la cifra del día respecto del mes, su denominación en el marco de la semana, el nombre del mes en curso, la fecha que ocupa el año dentro del ciclo de nuestra era, y la temperatura ambiente, amén de otros datos. Se trata de una información puntual y aséptica.[199] Resulta evidente que la medición del tiempo sigue siendo una realidad insoslayable para el género humano, el cual sigue sometido a la tiranía del calendario.

---

[199] Quizá una futura aplicación de la Inteligencia Artificial produzca un modelo cronológico que cambie una tradición milenaria.

Apéndice

Anotaciones cronológicas y tablas técnicas

El calendario, en sentido técnico, es un conjunto de normas para determinar del modo más preciso posible la medida del tiempo. En realidad, es un sistema de representación del paso de los días, agrupados en unidades convencionales, tales como semanas, meses, años, etc. Las menciones cronológicas y las dataciones son expresadas en latín en la mayoría de las fuentes históricas, máxime si son de tipo eclesiástico. Aunque las explicaciones siguientes son muy elementales, se adjuntan para facilitar la tarea a jóvenes interesados por estas materias. A efectos de facilitar un uso ordinario de dichas fuentes escritas, se enumeran, a continuación, algunas nociones técnicas elementales expuestas de forma tabular.[200]

Expresión numérica

Como es obvio, es preciso conocer el conjunto de términos latinos utilizados para expresar la numeración romana en sus tres modalidades: cifras, formas cardinales y ordinales:

---

[200] Las tablas 40, 42-45 y 49 son reproducciones de un material destinado «ad uso della Scuola Vaticana di Paleografia», prestigiosa institución académica en la cual yo me he formado.

I	=	unus, -a, -um	primus, -a, -um
II	=	duo, -ae, -o	secundus
III	=	tres, tria	tertĭus
IIII (IV)	=	quattŭor	quartus
V	=	quinque	quintus
VI	=	sex	sextus
VII	=	septem	septĭmus
VIII	=	octo	octāvus
VIIII (IX)	=	novem	nonus
X	=	decem	decĭmus
XI	=	undĕcim	undecĭmus
XII	=	duodĕcim	duodecĭmus
XIII	=	tredĕcim	tertĭus decĭmus
XIIII (XIV)	=	quattuordĕcim	quartus decĭmus
XV	=	quindĕcim	quintus decĭmus
XVI	=	sedĕcim	sextus decĭmus
XVII	=	septemdĕcim	septĭmus decĭmus
XVIII	=	duodeviginti	duodevicesĭmus
XVIIII (XIX)	=	undeviginti	undevicesĭmus
XX	=	viginti	vicesĭmus
XXI	=	unus et viginti (viginti unus)	vicesĭmus primus
XXII	=	duo et viginti (viginti duo)	vicesĭmus secundus
XXIII	=	tres et viginti (viginti tres)	vicesĭmus tertĭus
XXVIII	=	duodetriginta	duodetricesĭmus
XXVIIII (XXIX)	=	undetriginta	undetricesĭmus
XXX	=	triginta	tricesĭmus
XL	=	quadraginta	quadragesĭmus
L	=	quinquaginta	quinquagesĭmus
LX	=	sexaginta	sexagesĭmus
LXX	=	septaginta	septuagesĭmus
LXXX	=	octoginta	octogesĭmus
(LXXXX) XC	=	nonaginta	nonagesĭmus
C	=	centum	centesĭmus
CC	=	ducenti, .ae, -a	ducentesĭmus
CCC	=	trecenti, -ae, -a	trecentesĭmus
(CCCC) CD	=	quadrigenti	quadringentesĭmus
D	=	quingenti	quingentesĭmus
DC	=	sescenti	sescentesĭmus
DCC	=	septingenti	septingentesĭmus
DCCC	=	octingenti	octingentesĭmus
(DCCCC) CM	=	nongenti	nongentesĭmus
M	=	mille	millesĭmus

Fig. 40: Sistema de numeración romana.

En segundo lugar, es preciso conocer el tipo de calendario retrógrado romano, el cual ha perdurado hasta tiempos modernos:

Días	Marzo, Mayo Julio Octubre	Enero Agosto Diciembre	Abril, Junio Septiembre Noviembre	Febrero

Días del mes	Marzo Mayo Julio Octubre	Enero Agosto Diciembre	Abril Junio Septiembre Noviembre	Febrero	Días del mes
1	Kalendis	Kalendis	Kalendis	Kalendis	1
2	VI Non.	IV Nonas	IV Nonas	IV Nonas	2
3	V	III	III	III	3
4	IV	Pridie Non.	Pridie Non.	Pridie Non.	4
5	III	Nonis	Nonis	Nonis	5
6	Pridie Non.	VIII Idus	VIII Idus	VIII Idus	6
7	Nonis	VII	VII	VII	7
8	VIII Idus	VI	VI	VI	8
9	VII	V	V	V	9
10	VI	IV	IV	IV	10
11	V	III	III	III	11
12	IV	Pridie Idus	Pridie Idus	Pridie Idus	12
13	III	Idibus	Idibus	Idibus	13
14	Pridie Idus	XIX Kal.	XVIII Kal.	XVI Kal.	14
15	Idibus	XVIII	XVII	XV	15
16	XVII Kal.	XVII	XVI	XIV	16
17	XVI	XVI	XV	XIII	17
18	XV	XV	XIV	XII	18
19	XIV	XIV	XIII	XI	19
20	XIII	XIII	XII	X	20
21	XII	XII	XI	IX	21
22	XI	XI	X	VIII	22
23	X	X	IX	VII	23
24	IX	IX	VIII	VI	24
25	VIII	VIII	VII	V (bis VI)	25
26	VII	VII	VI	IV (V)	26
27	VI	VI	V	III (IV)	27
28	V	V	IV	Pd. Kal. (III)	28
29	IV	IV	III	(Pd)	29
30	III	III	Pridie Kal.		30
31	Pridie Kal.	Pridie Kal.			31
	Aprilis Junii Augusti Novembris	Februarii Setembris Januarii	Maii Julii Octobris Decembris	Martii	

Fig. 41: Calendario civil romano

Método de conversión de una fecha latina a nuestro sistema de cómputo actual

Las dataciones indicadas en las fuentes, mss. o impresas, particularmente en el colofón, el *explicit* o en el escatocolo de los documentos, se expresarán siempre según nuestro sistema de cómputo actual. Como la forma latina de indicar las fechas se ha usado durante siglos en Occidente, conviene conocer un método de conversión a nuestro sistema vigente. El procedimiento explicado a continuación es muy elemental, no obstante, por su utilidad se reproduce el mecanismo.

El mes de expresión latina se dividía en tres fases en función del ciclo lunar (novilunio, cuarto creciente y plenilunio). La luna nueva es el momento en que el satélite se sitúa entre nuestro planeta y el sol. En la conversión hay que tener en cuenta diversas particularidades.

Conversión de las fechas citadas en Kalendas

En el caso de que se trate de una fecha expresada en *Kalendas*, se deberá partir del número de días que tiene el mes anterior al nombrado en el texto latino. A esa fecha se añadirán dos unidades. A continuación, el número de días que aparezca mencionado en la referencia de la cita se restará de esa suma. El resultado de esta operación siempre remitirá al mes precedente. Esta modalidad de cómputo está ampliamente representada en los calendarios aquí estudiados.

Ejemplos: *Kalendas*

Se debe partir siempre del número de días del mes anterior al citado en el texto.

XV Kal. Apr.: (31 + 2) – 15 = 18 de marzo.

VII Kal. Ian.: (31 + 2) – 7 = 26 de diciembre.

Biblia (a. 1162). León, Biblioteca de la Real Colegiata de San Isidoro, Vitr. A n° 3.

Huius etiam pretiosissimi operis pergamena quidam e Sancti Isidoro canonicis ex Gallicis partibus itineris labore nimio ac maris asperrimo nauigio, hanc ad patriam reportauit. Quodque maxime mireris: in sex mensium spatio scriptus septimoque colorum pulchritudine. Iste fuit liber compositus sub era MCC, VII kalendas aprilis.

«Cierto canónigo de San Isidoro trajo desde tierras gálicas a la patria el pergamino de esta preciosísima obra con gran incomodidad durante el viaje por tierra y gran peligro por mar. Y lo que todavía es más admirable, en el espacio de seis meses fue escrito el texto y, en el séptimo, fue bellamente iluminado».

Este códice fue terminado de confeccionar el día 26 de marzo de 1162.

Conversión de las fechas citadas en Nonas e Idus

En las fechas de las *Nonas* y de los *Idus* hay que tener en cuenta el tipo del mes.

En ambos casos, cuando se trate de los meses de marzo, mayo, julio y octubre, el punto de partida será el día 7 o el 15 respectivamente. A esa cifra se añadirá una unidad (+1). A la suma resultante se restará la cifra de referencia indicada en el texto latino.

En los restantes meses la fecha tope será el 5 o el 13 respectivamente. Los cálculos restantes serán idénticos al caso anterior.

Ejemplos: *Nonas*

Nonae 5, (marzo, mayo, julio, octubre) 7 (restantes meses). Se añade una unidad (+1) a la fecha tope latina y, a continuación, se resta la cifra indicada en el ms.

V Non. Iul. En este mes la fecha se retrasa al día 7. Se le suma una unidad (+1): (7 + 1) = 8. Se resta la fecha indicada en el texto latino: 8 – 5 = 3 de julio.

VI Non. Oct. En este mes la fecha se retrasa al día 7: (7 + 1) = 8 – 6 = 2 de octubre.

II Non. Nov. En este mes la fecha tope es el día 5: 5+1 = 6-2 = 4 de noviembre.

Ejemplos: *Idus*

Idus 13 (marzo, mayo, julio, octubre) 15 (restantes meses).

Se añade una unidad a la fecha tope latina y, a continuación, se resta la cifra indicada en el ms.

VII Id. Mart. En este mes la fecha se retrasa al día 15: 15 + 1= 16: 16-7= 9 de marzo.

VIII Id. Iul. En este mes la fecha se retrasa al día 15 (15 + 1) – 8 = 8 de julio.

Elementos de análisis en el estudio de un calendario eclesiástico

En lo que respecta a la interpretación correcta de un calendario del Bajo Imperio o de época medieval hay que tener en cuenta algunos procedimientos básicos y auxiliares. La incidencia de esos factores es determinante.

La datación de las Eras y las fechas de inicio de los años son elementos esenciales que siempre deberán ser tenidos en cuenta respecto de sus características de cómputo, cuando se procede a estudiar una fuente escrita. En el proceso de conversión de las dataciones es preciso averiguar el tipo de Era y / o el «estilo» seguido, en función del modo de iniciar el año. Por tal motivo, he confeccionado un cuadro que recapitula toda la casuística que es muy compleja. Los puntos de referencia indicados en las figs. 42 a y b son muy importantes.[201] He procurado representar en tablas esta casuística de manera gráfica y didáctica. Estos cuadros contienen toda la información necesaria.

---

[201] He registrado tan solo las Eras y los Inicios de año que se hallan más frecuentemente en nuestros fondos mss.

Expresión de la Era y del inicio del año

Cuando se trate de Eras, habrá que tener en cuenta su tipo de relación respecto de la Era cristiana. En el caso de que la fecha de inicio de la Era de la fuente sea anterior a la Era cristiana, es preciso restar la cifra de dicha fecha de inicio respecto de la cristiana. Tal sucede, por ejemplo, con la Era hispánica, en la que se restará 38 unidades a la cifra expresada en la fuente para actualizar el cómputo.

En caso contrario, cuando la fecha de inicio de la Era de la fuente es posterior a la Era cristiana, se añadirá la cifra correspondiente a la Era expresada en la fuente a la cifra de la Era cristiana. En ambos casos se tendrá en cuenta la fecha de inicio de estas Eras que obedecen a otros criterios cronológicos. Por ejemplo, la Era de la Hégira se inicia en el año 622 d.C.[202] La fecha de origen del ciclo es el 16 de julio de dicho año (622), momento en el que se produce la emigración del Profeta y de sus seguidores desde la Meca hacia la población de Yahrîb. Como su fecha de inicio es el 16 de julio habrá que partir de esta data (15 de julio) como punto de referencia.

En cuanto a la expresión del inicio del año, hay que tener en cuenta que en el marco de la Era cristiana se han establecido a veces cómputos particulares, sobre todo en fuentes medievales. Se usaban diversas fórmulas para expresar el sistema de cálculo utilizado. Cada tipo era denominado técnicamente «estilo».

El punto de partida del inicio del año puede variar según las festividades o hechos que se contemplen en cada caso. Los principales estilos tradicionales están registrados en el cuadro adjunto (fig. 42 a y b).

La acuñación verbal más frecuente en las fuentes es ***Annus Domini***.[203] El mismo estilo de comienzo del año es denominado también **Moderno**. Ambos tipos de expresión remiten a una datación relativa a los años transcurridos desde el nacimiento de Cristo en muchas áreas occidentales. El día 1 de enero era considerado el punto de partida a efectos de cómputo. Este estilo no necesita ninguna modificación o actualización, ya que coincide con el inicio de nuestro sistema de cálculo vigente, que es el punto de referencia.

En la misma fecha (1 de enero) se celebraba la festividad de la **Circuncisión**. Era un estilo muy utilizado. Esta efemérides tradicional ha quedado actualmente relegada por la Curia romana. A partir de una revisión terminológica establecida por la Iglesia en 1969, se introdujo el siguiente cambio: «El 1 de enero, el Día de la Octava de la Natividad del Señor, es la Solemnidad de María, Madre de Dios, y también la conmemoración de la concesión del Santísimo Nombre de Jesús»[204] Como en el caso anterior, esta datación no requiere ninguna modificación, ya que coincide con el inicio de nuestro sistema de cálculo actual.

---

[202] En algunas fuentes se inicia el ciclo en el año 640.

[203] Esta denominación, por su significado genérico, a veces fue utilizada con un uso equivalente a la expresión Estilo de la Encarnación.

[204] Este cambio fue confirmado en la remodelación de ciertos temas litúrgicos del año 1972.

En el caso del estilo de la **Natividad** (25 de diciembre) es preciso restar una unidad a la cifra del año expresado en el texto ms., si el día indicado en la fuente cae entre el día 25 y el 31 de diciembre ya que nuestro año sigue vigente hasta el 31 de diciembre inclusive. En Castilla se practicó este estilo durante los siglos XIV y XV.

Respecto de la fiesta de la **Encarnación (**25 de marzo), hay que averiguar si el estilo es «pisano» o «florentino», usado también por la Curia romana. En el primer caso o estilo «pisano», es necesario menguar una unidad (-1) que afectará desde el inicio de esa festividad (25 de marzo) hasta el 31 de diciembre. La causa se debe a que en esta región se comienza el cómputo a partir de la fecha de la concepción de Cristo (lo cual sería quizá más lógico a juicio de algunos); en cambio, en la zona florentina y en la Curia romana se parte de la fecha de nacimiento de Cristo y, por tanto, hay que añadir una unidad (+ 1) en el periodo del año que discurre entre el 1 de enero y el 24 de marzo.

El estilo de la **Pascua de Resurrección** es de tratamiento peculiar. Es una festividad de celebración variable ya que necesariamente debe producirse entre dos límites de tiempo (22/3 -24/4). Esta modalidad, por no presentar una data fija, requerirá añadir una unidad (+ 1) a la fecha desde el 1 de enero hasta la celebración de dicha festividad en cada caso.

La celebración de la Pascua

La festividad de la Pascua de Resurrección es la fecha más importante del calendario cristiano. Se trata de una datación variable, como ya se ha indicado. Desde hace siglos los computistas de la Iglesia han estudiado esa casuística. El concilio de Nicea (a. 325) definió esta festividad como el domingo que sigue al decimocuarto día de la luna pascual, es decir, aquella cuyo decimocuarto día coincide o es posterior al equinoccio de primavera, que se fija el 21 de marzo. Según esa definición, el día de la Pascua puede caer entre el 22 de marzo y el 25 de abril, pudiendo ocupar hasta 35 fechas diferentes. Una vez localizado el Número áureo de nuestro interés dentro de los límites fijados (el 1 de marzo y el 12 de abril respectivamente) habrá que contar 14 días para llegar de esta manera al día del plenilunio. Luego, mediante la Letra dominical, sabremos en qué fecha cae el primer domingo del año. Este término será el punto de referencia buscado para ultimar una datación correcta.

Los criterios históricos que se han tenido y tienen en cuenta para determinar la fecha de la Pascua de cada año se expresan a continuación. Las condiciones litúrgicas necesarias son:
- Que se trate del primer domingo tras el plenilunio posterior al 21 de marzo. Esta definición puede también ser expresada así: el domingo siguiente al decimocuarto día de la luna nueva del equinoccio de primavera.
- El plazo de celebración de la Pascua tiene necesariamente que suceder dentro de las siguientes fechas tope: 22/03-24/04.
- El elemento esencial para la determinación de la Pascua es la luna llena.

Como la casuística de las Eras y los inicios de los años es algo compleja, he confeccionado las dos tablas siguientes para facilitar las operaciones de cálculo:

Tipología de las Eras			
	a.C.		
Bizantina	-5508	1º sept. ++31 dic.	-1 1/9 - 31/12
Olímpica	-776	1/1++++++++++++++++++++++31 dic.	-38 1/1 - 31/12
Romana	-753		
Hispánica	-38		
Cristiana	0		0
	d.C.		
Diocleciana	284	1/1 - - - - - - - - - - - - - -29 agosto-----31 dic.	+1 1/1 - 28/8
Hégira	622	1/1 - - - - - - - - - - - - 16 julio ----------31 dic.	+1 1/1 - 15/7

Inicio del año		
Circuncisión[205] / *Annus Dni*[206]	1/1---31 dic.	0
Natividad	-------------------------------25 dic. +++ 31 dic.	-1 25/12 - 31/12
Encarnación (Pisano)	1/1---------25 marzo +++++++++++ 31 dic.	-1 25/3- 31/12
Encarnación (Curia romana)[207]	1/1- - - 24/marzo--------------------------31 dic.	+1 1/1- 24/3
Pascua	1/1 - - 22 marzo-24ab[208] -------------------31 dic.	+1 1/1- 22/3-24/4
Estilo bizantino	---------------------------1/9 +++++++ 31 dic.	-1 1/9 -31/12
Indicción		
Griega o bizantina	---------------------------1/9 +++++++ 31 dic.	-1 1/9 - 31/12
Romana	--------------------------------25 dic. ++ 31 dic.	-1 25/12-31/12
Moderna	0---	0

Fig. 42 a y b: Visualización gráfica de las dataciones de Eras e Inicios de años.

---

[205] En las fuentes históricas el nombre empleado para designar la fecha del 1 de enero es mayoritariamente «Circuncisión».

[206] Este estilo es a veces utilizado como Estilo de la Encarnación.

[207] Este estilo es también llamado «florentino». Durante la vigencia del calendario juliano, cuando la Curia romana expedía un documento con una fecha comprendida entre 1/1- 24/3, el receptor debía tener en cuenta el estilo practicado en ese dominio. La datación pontificia tendría un dígito menos en ese período a efectos de cómputo comparativo. Por tanto, para aplicar un criterio de contemporaneidad, será preciso subrayar esta peculiar diferencia.

[208] El día de la Pascua es movible, pero tiene que celebrarse entre el 22 de marzo y el 24 de abril.

Además de las Eras y los inicios de año, hay otros elementos cronográficos que se encuentran en algunas dataciones y que deben ser tenidos en cuenta. Se trata de una modalidad que expresa la fecha del día o de la festividad mediante la reproducción de breves textos litúrgicos. Este procedimiento identificativo es aplicable en fiestas fijas o bien en movibles. La técnica consiste en reproducir comienzos de introitos o versículos de sus respectivas misas. Otro tanto sucede con los nombres de algunos santos o fiestas menores. En tales casos es necesario acudir a repertorios eclesiásticos que ofrezcan esta información. Por ejemplo:

> *Ad te levavi* = Primer domingo de Adviento (festividad variable). Introito.
> *Dominus dixit. Lux fulgebit, Puer natus* = Introito. Natividad del Señor, etc.
> *Exsultat gaudio*= Festividad de la octava de la Epifanía. Introito.
> *Aqua in vinum mutata* = Primer domingo después de la Octava de la Epifanía.
> *Evangelium secundum Ioannem*, 2,1-11. Bodas en Canáan de Galilea.
> *Invocabit me* =Dominica sexta o prima de Cuaresma (festividad variable).
> *Fidelium Deus* = Conmemoración de difuntos (2 de noviembre).
> Etc.

El arte de la datación en la cultura occidental

Los conocimientos cronográficos, en general, y la actualización de las fechas litúrgicas movibles han sido cuestiones pendientes a lo largo de la historia eclesiástica.

En tiempos pasados era necesario saber manejar datos aritméticos y astronómicos con la ayuda de tablas técnicas a fin de resolver los cómputos complejos del calendario. De hecho, los especialistas en este campo han ido elaborando unas fórmulas que resolviesen las incógnitas.

En la actualidad disponemos de numerosos sistemas de información, entre otros electrónicos, que nos facilitan conocer las fechas de nuestro interés. A pesar de que no es preciso recurrir hoy a métodos complicados, he reproducido los sistemas utilizados secularmente. De manera resumida se ofrece, a continuación, la reproducción de unas *Tablas cronológicas,* las cuales proporcionarán ciertos recursos para facilitar la tarea del investigador a la hora de interpretar datos históricos y aritméticos de escaso uso.

En los siguientes cuadros se registran fórmulas de localización de los datos buscados según diversos procedimientos tradicionales. El conocimiento de la Letra dominical y del Número áureo correspondientes a un año concreto permitía consultar un calendario perpetuo y con su ayuda averiguar cuál era la fecha en cuestión del domingo de Pascua. Esta información era muy requerida por cualquier fiel cristiano, por tal motivo en libros de temática religiosa se incluían unos métodos que permitían actualizar los ejemplares, respecto de ese punto. A continuación, se reproducen unas tablas que ofrecen los datos para averiguar la L.D. y el Nº A de cualquier año. Este hecho confirma la importancia concedida a estos elementos básicos con el fin de encontrar la respuesta de la demanda solicitada.

Letra dominical (L.D.)

El conocimiento y manejo de este tipo de recurso es básico. Indica en qué día del mes de enero cae el primer domingo del año. Este dato será un referente indispensable. Las siete primeras letras del alfabeto (A B C D E F G) se aplican para designar el ciclo de los días de la semana. En el calendario se utilizan a partir del 1 de enero, fecha que se corresponde con la letra A. La fórmula para averiguar la Letra dominical consiste en lo siguiente: a la cifra del año se añade el cuarto de esa misma cantidad, ignorando el resto. Luego, la suma de ambas cantidades se ha de dividir por 7. Al resto de esa operación se sustraerá 3 unidades. Si el resultado es cero o un número negativo, el sustraendo será 10. Una vez que se obtenga el número final, éste se identificará teniendo en cuenta el orden de las letras dominicales. La equivalencia es como sigue:

$$1 = A$$
$$2 = B$$
$$3 = C$$
$$4 = D$$
$$5 = E$$
$$6 = F$$
$$7 = G$$

El número resultante indicará en qué día de la serie la letra se corresponde con el domingo, de ahí el nombre de Letra dominical.

Para evitar estos engorrosos cálculos, se puede recurrir a la tabla adjunta, en donde es posible localizar la letra de nuestro interés. Los años bisiestos presentan dos Letras dominicales, la primera afecta a los meses de enero y febrero; la segunda, a los restantes. En el cuadro se especifica si el año es juliano o gregoriano, por ello, hay que tener en cuenta los dígitos de la fecha que se busca.[209]

---

[209] Es decir, si el año es anterior o posterior a 1582.

Años en centenas			Calendario Juliano						
			0 700 1400	100 800 1500	200 900 1600	300 1000 1700	400 1100 1800	500 1200 1900	600 1300 2000
		00	DC	ED	FE	GF	AG	BA	CB
01	29	57	85	B	C	D	E	F	G	A
02	30	58	86	A	B	C	D	E	F	G
03	31	59	87	G	A	B	C	D	E	F
04	32	60	88	FE	GF	AG	BA	CB	DC	ED
05	33	61	89	D	E	F	G	A	B	C
06	34	62	90	C	D	E	F	G	A	B
07	35	63	91	B	C	D	E	F	G	A
08	36	64	92	AG	BA	CB	DC	ED	FE	GF
09	37	65	93	F	G	A	B	C	D	E
10	38	66	94	E	F	G	A	B	C	D
11	39	67	95	D	E	F	G	A	B	C
12	40	68	96	CB	DC	ED	FE	GF	AG	BA
13	41	69	97	A	B	C	D	E	F	G
14	42	70	98	G	A	B	C	D	E	F
15	43	71	99	F	G	A	B	C	D	E
16	44	72		ED	FE	GF	AG	BA	CB	DC
17	45	73		C	D	E	F	G	A	B
18	46	74		B	C	D	E	F	G	A
19	47	75		A	B	C	D	E	F	G
20	48	76		GF	AG	BA	CB	DC	ED	FE
21	49	77		E	F	G	A	B	C	D
22	50	78		D	E	F	G	A	B	C
23	51	79		C	D	E	F	G	A	B
24	52	80		BA	CB	DC	ED	FE	GF	AG
25	53	81		G	A	B	C	D	E	F
26	54	82		F	G	A	B	C	D	E
27	55	83		E	F	G	A	B	C	D
28	56	84		DC	ED	FE	GF	AG	BA	CB
		00	C		E		G	BA	
			1700 2100		1800 2200		1500 1900	1600 2000	
Años en centenas									
Calendario gregoriano									

Fig. 43: Tabla para hallar la Letra dominical

Número áureo (N°. A.). Ciclo de Metón

Es una cifra que expresa los días que hay entre el último novilunio del año y el día 1 de enero del año siguiente. Este dato indica el número de orden que le corresponde a un año concreto dentro del ciclo lunar.

El año solar tenía desde antiguo una duración calculada en 365 días y un cuarto. Como el mes lunar tenía 29 días y medio, 12 meses lunares suman en total 354 días. Por tal motivo, no existía coincidencia entre el año solar y el lunar. Desde muy antiguo se procuró ajustar ambos ciclos. Se observó que cada 19 años solares se repetían en el mismo orden y fechas los novilunios. Esta observación abrió la posibilidad de adaptar el período solar al lunar.

El astrónomo Metón (a. 432 a.C.) estableció dicho período, según el cual en un tramo de 19 años (*cyclus decemnovalis*) las neomenías ocurrían en las mismas fechas y a las mismas horas, con lo cual en ese ciclo se ajustaba el comienzo del curso de la luna con el comienzo del curso del sol. La fórmula para hallarlo es: Año + 1 /19. El resto indica el número de orden que corresponde a un año dado, y el cociente, el número de ciclos transcurridos. Es, por tanto, un número que expresa los días que hay entre el último novilunio del año y el día 1 de enero del año siguiente. Como en el caso anterior, la tabla facilita la obtención del resultado buscado.

Siglo	Años en centenas																		
	00 19 38 57 76 95	01 20 39 58 77 96	02 21 40 59 78 97	03 22 41 60 79 98	04 23 42 61 80 99	05 24 43 62 81	06 25 44 63 82	07 26 45 64 83	08 27 46 65 84	09 28 47 66 85	10 29 48 67 86	11 30 49 68 87	12 31 50 69 88	13 32 51 70 89	14 33 52 71 90	15 34 53 72 91	16 35 54 73 92	17 36 55 74 93	18 37 56 75 94
400	2	3	4	5	6	7	8	9	10	11	12	13	14	15	16	17	18	19	1
500	7	8	9	10	11	12	13	14	15	16	17	18	19	1	2	3	4	5	6
600	12	13	14	15	16	17	18	19	1	2	3	4	5	6	7	8	9	10	11
700	17	18	19	1	2	3	4	5	6	7	8	9	10	11	12	13	14	15	16
800	3	4	5	6	7	8	9	10	11	12	13	14	15	16	17	18	19	1	2
900	8	9	10	11	12	13	14	15	16	17	18	19	1	2	3	4	5	6	7
1000	13	14	15	16	17	18	19	1	2	3	4	5	6	7	8	9	10	11	12
1100	18	19	1	2	3	4	5	6	7	8	9	10	11	12	13	14	15	16	17
1200	4	5	6	7	8	9	10	11	12	13	14	15	16	17	18	19	1	2	3
1300	9	10	11	12	13	14	15	16	17	18	19	1	2	3	4	5	6	7	8
1400	14	15	16	17	18	19	1	2	3	4	5	6	7	8	9	10	11	12	13
1500	19	1	2	3	4	5	6	7	8	9	10	11	12	13	14	15	16	17	18
1600	5	6	7	8	9	10	11	12	13	14	15	16	17	18	19	1	2	3	4
1700	10	11	12	13	14	15	16	17	18	19	1	2	3	4	5	6	7	8	9
1800	15	16	17	18	19	1	2	3	4	5	6	7	8	9	10	11	12	13	14
1900	1	2	3	4	5	6	7	8	9	10	11	12	13	14	15	16	17	18	19
2000	6	7	8	9	10	11	12	13	14	15	16	17	18	19	1	2	3	4	5
2100	11	12	13	14	15	16	17	18	19	1	2	3	4	5	6	7	8	9	10
2200	16	17	18	19	1	2	3	4	5	6	7	8	9	10	11	12	13	14	15

Fig. 44: Tabla para hallar el Número áureo

Luego, se cuentan 14 días, incluyendo la fecha del Nº A. Si en ese día coinciden el Nº A. y la LD en el mismo renglón, la fecha de la Pascua será 8 días después ya que la Iglesia considera que la Pascua es el domingo siguiente al decimocuarto día de la luna nueva del equinoccio de primavera.

A continuación, se reproducen algunas otras informaciones cronológicas de interés.

Indicción (IND)

Otro elemento que se debe conocer en el proceso de análisis de un calendario es el número que le corresponde dentro del ciclo llamado Indicción. Se trata de un período convencional de 15 años, de carácter fiscal. Quizá fue establecido por Constantino I.

La datación en la que figura la Indicción, hay que resolverla con la siguiente fórmula a partir de la Era cristiana:

$$\frac{\text{Año}+3}{15}$$

El resto de esta operación indica el número del año dentro del período del ciclo. El cociente expresa el número de ciclos trascurridos desde su implantación. Este dato se puede obtener directamente consultando la siguiente tabla:

							300 600 900 1200 1500	400 700 1000 1300 1600	500 800 1100 1400 1700
	Este cuadro indica el número de la indicción en el año correspondiente								
0	15	30	45	60	75	90	3	13	8
1	16	31	46	61	76	91	4	14	9
2	17	32	47	62	77	92	5	15	10
3	18	33	48	63	78	93	6	1	11
4	19	34	49	64	79	94	7	2	12
5	20	35	50	65	80	95	8	3	13
6	21	36	51	66	81	96	9	4	14
7	22	37	52	67	82	97	10	5	15
8	23	38	53	68	83	98	11	6	1
9	24	39	54	69	84	99	12	7	2
10	25	40	55	70	85		13	8	3
11	26	41	56	71	86		14	9	4
12	27	42	57	72	87		15	11	5
13	28	43	58	73	88		1	12	6
14	29	44	59	74	89		2	13	7

Fig. 45: Tabla para hallar la fecha de la Indicción

Días de la semana

El cuadro adjunto permite identificar el día de la semana en que cae una fecha concreta.

		A	B	C	D	E	F	G
Enero		1	2	3	4	5	6	7
Octubre		8	9	10	11	12	13	14
		15	16	17	18	19	20	21
		22	23	24	25	26	27	28
		29	30	31	1	2	3	4
Febrero		5	6	7	8	9	10	11
Marzo		12	13	14	15	16	17	18
Noviembre		19	20	21	22	23	24	25
		26	27	28	29	30	31	1
Abril		2	3	4	5	6	7	8
Julio		9	10	11	12	13	14	15
		16	17	18	19	20	21	22
		23	24	25	26	27	28	29
		30	31	1	2	3	4	5
Agosto		6	7	8	9	10	11	12
		13	14	15	16	17	18	19
		20	21	22	23	24	25	26
		27	28	29	30	31	1	2
Septiembre		3	4	5	6	7	8	9
Diciembre		10	11	12	13	14	15	16
		17	18	19	20	21	22	23
		24	25	26	27	28	29	30
		31	1	2	3	4	5	6
Mayo		7	8	9	10	11	12	13
		14	15	16	17	18	19	20
		21	22	23	24	25	26	27
		28	29	30	31	1	2	3
Junio		4	5	6	7	8	9	10
		11	12	13	14	15	16	17
		18	19	20	21	22	23	24
		25	26	27	28	29	30	
	A	Dom.	Lun.	Mar.	Miér.	Juev.	Vier.	Sáb.
	B	Sáb.	Dom.	Lun.	Mar.	Miér.	Juev.	Vier.
Días de la semana	C	Vier.	Sáb.	Dom.	Lun.	Mar.	Miér.	Juev.
tras la letra	D	Juev.	Vier.	Sáb.	Dom.	Lun.	Mar.	Miér.
dominical	E	Miér.	Juev.	Vier.	Sáb.	Dom.	Lun.	Mar.
	F	Mar.	Miér.	Juev.	Vier.	Sáb.	Dom.	Lun.
	G	Lun.	Mar.	Miér.	Juev.	Vier.	Sáb.	Dom.

Fig. 46: Tabla para hallar el día de la semana de una fecha concreta.

Calendario solar perpetuo. Instrucciones sobre su manejo

Es una herramienta cronológica extremadamente útil.

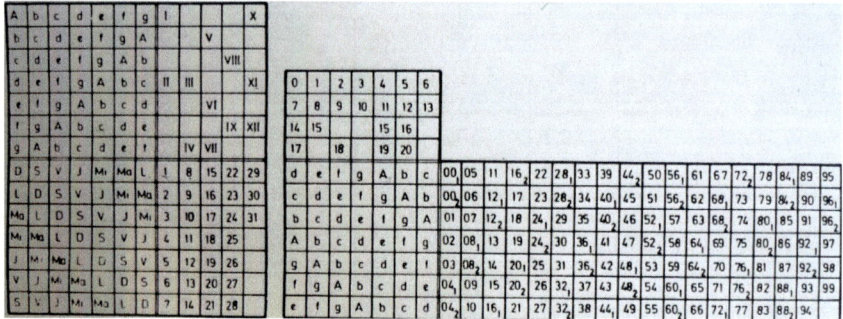

Fig. 47: Tabla del calendario solar perpetuo que permite obtener diversos datos cronológicos.[210]

A continuación, se explican algunos de sus usos:

1. Hallar la Letra dominical (L.D.)

Buscar la intersección entre las dos primeras cifras del año en el Cuadro 2 con las dos últimas en el Cuadro 3. En esa cuadrícula figura la L.D. correspondiente.

2. Hallar el *día de la semana*, conocidos los días del mes, mes y año. Localizar en el Cuadro 1 la fila en donde se encuentra el n° del mes y en la misma fila la L.D. Bajar por la columna hasta hallar la intersección con el día del mes. En esa cuadrícula figura el día de la semana correspondiente.

3. *Hallar los días del mes*, conocidos los días de la semana, mes y año. Localizar en el Cuadro 1 la fila en donde se encuentran el nombre del mes y la L.D. Bajar por la L.D. hasta el día de la semana; a la derecha y en esa misma fila, se encuentran los días correspondientes del mes.

4. *Hallar los meses*, conocidos los días de la semana, del mes y año. Localizar en la columna del cuadro 1, donde se encuentre el día de la semana correspondiente al día del mes dado, se busca el renglón que ocupe la Letra dominical del año en cuestión. En ese mismo renglón a la derecha, se hallarán los meses que se buscan.

5. *Hallar los años ocurrentes dentro de un siglo*. Localizar en el Cuadro 1 el día del mes y en esa misma fila el día de la semana. Subir por la columna del día de la semana hasta la intersección con el nombre del mes. En esa cuadrícula se encuentra la L.D. Luego en el cuadro 2 localizar las dos primeras cifras del año en correspondencia con el siglo (s. x = 10) y bajar por esa columna hasta la L.D.; luego en cuadro 3, a la derecha y en esa misma fila, se hallan todos los años posibles de la centuria.

---

[210] La tabla 46 se encuentra en la siguiente obra: Santos A. García Larragueta, *Cronología* (*Edad Media*). Pamplona: Ed. Univ. de Navarra, 1976, pág. 80.

Tabla para hallar la fecha de la Pascua

Esta es otra herramienta útil para conocer la fecha de la Pascua mediante el N°A. y la L. dominical.

N° A°	F	E	D	C	B	A	G
1	7	6	12	11	10	9	8
2	1	2	3	4	5	6	1
3	14	20	19	18	17	16	15
4	7	6	5	4	3	9	8
5	8	9	3	4	5	6	7
6	14	13	12	11	17	16	15
7	1	6	5	4	3	2	1
8	21	20	19	25	24	23	22
9	14	13	12	11	10	9	8
10	1	2	3	4	3	2	1
11	21	20	19	18	17	16	22
12	7	6	5	9	10	9	8
13	1	2	3	4	5	6	7
14	14	13	19	18	17	16	15
15	7	6	5	4	3	2	8
16	8	9	10	4	5	6	7
17	10	13	12	11	10	16	15
18	1	2	3	4	3	2	1
19	21	20	19	18	24	25	22

Fig.48: Tabla para hallar la fecha de la Pascua a través de la Letra dominical y el Número Áureo.[211]

Otro recurso importante es conocer las fechas de las lunaciones. Las cifras en negritas indican una lunación de 30 días. Las redondas, una lunación de 29 días. Mediante esta tabla puede calcularse la fecha de la Pascua, que es el domingo siguiente a la luna 14 de marzo o abril, o sea, aquélla cuya neomenía más 13 unidades sea mayor que el 20 de marzo.

---

[211] Según Bibl. Royale, ms. Lat. 682. *Calendario perpetuo 1381* en B.E.C., 2, 1841, p. 276.

Nº Aº	I	II	IIb	III	IV	V	VI	VII	VIII	IX	X	XI	XII
1	23	21	21	23	21	21	19	19	17	16	15	14	13
2	12	10	10	12	10	10	8	8	6	5	4	3	2
3	1-31			1-31	29	29	27	27	25	24	23	22	21
4	20	18	18	20	18	18	16	16	14	13	12	11	10
5	9	7	7	9	7	7	5	5	3	2	31	30	29
6	28	26	27	28	26	26	24	24	22	21	20	19	18
7	17	15	15	17	15	15	13	13	11	10	9	8	7
8	6	4	4	6	5	4	3	2	30	29	28	27	26
9	25	23	23	25	23	23	21	21	19	18	17	16	15
10	14	12	12	14	12	12	10	10	8	7	6	5	4
11	3	2	2	3	2	1-31	29	29	27	26	25	24	23
12	22	20	20	22	20	20	18	18	16	15	14	13	12
13	11	9	9	11	9	9	7	7	5	4	3	2	1-31
14	30	28	29	30	28	28	26	26	24	23	22	21	20
15	19	17	17	19	17	17	15	15	13	12	11	10	9
16	8	6	6	8	6	6	4	4	2	1	30	29	28
17	27	25	26	27	25	25	23	23	21	20	19	18	17
18	16	14	14	16	14	14	12	12	10	9	8	7	6
19	5	3	3	5	4	3	2	1-30	28	27	26	25	24

Fig. 49: Tabla para hallar las neomenías (novilunios) del calendario juliano.[212]

Epacta lunares o menores

Es un número que expresa los días que hay entre el último novilunio del año y el día 1 de enero del año siguiente.

Epacta solares o mayores

Es un número que indica los días transcurridos desde el último domingo del año hasta el día 1 de enero del año siguiente. Este factor de cómputo es también conocido bajo el nombre de «concurrentes».

Tabla que contiene todas las fechas ocurrentes del calendario juliano y gregoriano

Una versión completa para determinar la fecha de la Pascua se encuentra en el siguiente cuadro, ya que registra tanto las ocurrencias del calendario juliano (1-1581) como del gregoriano (1582-2099):

---

[212] Según *Dictionnaire. Droit Canonique*, II, 1231-1232.

	CALENDARIO JULIANO (AÑOS 1-1599)																CALENDARIO GREGORIANO (AÑOS 1583-2099)						
	SIGLOS																SIGLOS						
Años	0	1	2	3	4	5	6	7	8	9	10	11	12	13	14	15	15	16	17	18	19	20	**Años**
0		12	20	24M	1	2	10	11	19	20	31M	1	9	10	18	19		2	11	13	15	23	0
1	27M	4	5	13	14	22	26M	3	4	12	13	21	25M	2	3	11		22	27M	5	7	15	1
2	16	24	28M	5	6	14	15	23	27M	28M	5	6	14	22	26M	27M		7	16	18	30M	31M	2
3	9	17	18	29M	30M	7	15	16	28M	29M	5	6	15	16	30M	8	10	1	20				3
4	23M	31M	8	9	17	18	22M	30M	31M	8	16	18	25	29M	30M	18	23M	1	12	14	23	27	4
5	12	20	24M	1	2	10	31M	1	9	10	18	19	23M	31M	10	12	14	23	27				5
6	4	5	13	14	22	26M	3	4	12	13	21	25M	2	3	11	12	4	6	15	13	16	6
7	24	28M	5	6	14	15	23	27M	28M	5	6	14	22	26M	27M	4	15	24	29M	31M	8	7
8	8	16	24	28M	29M	6	7	15	16	27M	28M	5	6	14	15	23	6	8	17	19	23M	8
9	31M	8	9	17	18	22M	30M	31M	8	16	17	25	29M	30M	7	8	19	31M	2	11	12	9
10	20	28M	1	2	10	11	19	20	31M	1	9	10	18	19	23M	31M	11	20	22	27M	4	10
11	5	13	14	22	26M	3	4	12	13	21	25M	2	3	11	12	20		22	27M	29M	7	8	11
12	27M	4	5	13	14	22	26M	3	4	12	13	21	28M	26M	3	11		7	16	18	23M	31M	12
13	16	24	29M	6	7	15	16	27M	28M	5	6	14	15	23	27M		9	1	10	12	20	13
14	9	17	18	22M	30M	31M	8	16	17	25	29M	30M	7	8	16		30M	4	6	15	14
15	24M	1	2	10	11	19	20	31M	1	9	10	18	19	23M	31M	8	12	14	23	27		15
16	12	20	21	25M	1	19	20	24M	1	2	10	11	19	20	31M	1	23M	3	12	14	23	16
17	4	5	13	14	22	26M	3	4	12	13	21	25M	2	3	11	26M	28M	6	8	16	17
18	24	28M	29M	6	7	15	16	27M	28M	5	6	14	15	23	27M	15	17	22M	31M	1	18
19	9	17	18	22M	30M	31M	8	16	17	25	29M	30M	7	8	16	24	31M	9	11	20	21	19
20	31M	8	9	17	18	19	20	31M	1	9	10	18	19	23M	31M	19	31M	2	4	12	20
21	20	21	25M	2	3	11	19	20	24M	1	2	10	11	19	23M	31M	11	13	22	27M	4	21
22	5	13	14	22	26M	3	4	12	13	21	25M	2	3	11	12	20	27M	5	7	16	17	22
23	28M	29M	6	7	15	16	27M	28M	5	6	14	15	23	27M		16	28M	30M	1	9	23
24	16	17	28M	29M	6	7	24	28M	29M	6	14	15	23	27M		7	16	18	20	31M	24
25	1	9	10	18	19	30M	31M	8	9	17	18	29M	30M	7	8	16	30M	1	3	12	25
26	21	25M	2	3	11	19	20	24M	1	2	10	11	12	20	24M	1	11	21	26M	4	5	26
27	13	14	22	26M	3	4	12	13	21	25M	26M	3	11	12	20	4	13	15	17	28M	8	27
28	28M	5	6	14	22	26M	27M	4	5	13	14	22	26M	3	4	12	23	28M	6	8	16	28
29	17	28M	29M	7	15	16	24	28M	29M	6	14	15	23	27M		15	17	19	31M	9	29
30	9	10	18	19	30M	31M	8	9	17	18	29M	30M	7	8	16	17	31M	9	11	20	21	30
31	25M	2	3	11	19	20	24M	1	2	10	11	19	1	9	20	25M	3	5	27M	28M	31
32	13	21	25M	2	3	11	12	20	24M	1	2	10	11	19	1	9	11	13	22	27M	28M	32
33	5	6	14	22	26M	3	4	5	13	14	22	26M	3	4	12	27M	5	7	16	17	33
34	28M	29M	6	7	15	16	24	28M	5	6	14	15	23	27M	28M	16	25	30M	1	9	34
35	10	18	19	23M	31M	8	9	17	18	29M	30M	7	8	16	17	8	10	19	21	25M	35
36	1	9	10	18	23M	31M	8	9	17	18	22M	30M	31M	8	16	23M	1	3	12	14	36
37	21	25M	2	3	11	12	10	24M	1	2	10	11	19	20	31M	12	21	26M	5	7	37
38	6	14	22	26M	27M	4	5	13	14	22	26M	3	4	12	13	4	6	15	17	28M	8	38
39	29M	6	7	15	16	24	28M	5	6	14	15	23	27M	28M	5	6	24	29M	31M	9	10	39
40	17	25	29M	7	8	16	17	28M	29M	6	7	15	16	24	28M	29M	8	17	19	24M	1	40
41	9	10	18	19	23M	31M	8	9	17	18	22M	30M	31M	8	16	17	31M	2	11	13	21	41
42	25M	2	3	11	12	20	24M	1	2	10	11	19	20	31M	1	9	20	25M	27M	5	6	42
43	14	22	26M	27M	4	5	13	14	22	26M	3	4	12	13	21	25M	5	14	16	25	29M	43
44	6	14	15	23	27M	28M	5	6	14	15	23	27M	4	5	13	27M	5	7	16	23M	1	44
45	25	29M	30M	7	8	16	24	28M	29M	6	7	15	16	27M	28M	5	16	18	23M	1	9	45
46	10	18	19	23M	31M	8	22M	30M	31M	8	16	17	25	29M	30M	1	10	12	21	25M	46
47	2	3	11	12	20	24M	1	2	10	11	19	20	31M	1	9	10	21	2	4	6	15	47
48	21	25M	26M	3	11	12	20	24M	25M	3	11	19	20	24M	1	2	14	23	28M	6	48
49	6	14	15	23	27M	4	5	13	14	22	26M	3	4	12	13	21	4	6	8	17	19	49
50	29M	30M	7	8	16	24	28M	29M	6	7	15	16	27M	28M	5	6	17	29M	31M	9	10	50
51	18	19	23M	31M	8	9	17	18	19	20	31M	8	16	17	25	29M	9	11	20	25M	2	51
52	2	10	11	19	23M	31M	1	9	10	18	30M	31M	8	9	17	31M	9	11	13	21	52
53	25M	26M	3	11	12	20	24M	1	2	10	11	19	20	24M	1	13	22	27M	5	6	53
54	14	15	23	27M	4	5	13	14	22	26M	3	4	12	13	21	25M	5	14	16	18	29M	54
55	30M	7	8	16	24	28M	5	6	14	15	23	27M	4	5	13	28M	30M	8	10	18	55
56	18	19	30M	7	8	16	17	28M	29M	6	7	15	16	24	28M	5	16	18	23M	1	2	56
57	10	11	19	23M	31M	1	9	10	18	19	30M	31M	8	9	17	18	1	10	12	21	26M	57
58	23	3	11	12	20	24M	1	2	3	11	19	20	24M	1	2	10	21	2	4	6	15	58
59	15	23	27M	4	5	13	14	22	26M	3	4	12	13	21	25M	26M	13	15	24	29M	30M	59
60	6	14	15	23	27M	28M	5	6	14	22	26M	27M	4	5	13	14	28M	6	8	17	19	60
61	29M	30M	7	8	16	17	28M	29M	6	7	15	16	24	28M	5	6	17	22M	31M	2	10	61
62	11	19	23M	31M	1	9	10	18	19	30M	31M	8	9	17	18	29M	30M	9	11	20	22	62
63	3	11	12	20	25M	2	3	11	19	20	24M	1	2	10	11	25M	3	5	14	15	63
64	22	26M	4	12	13	21	25M	2	3	11	19	20	24M	1	2	13	22	27M	29M	7	64
65	14	15	23	27M	28M	5	6	14	22	26M	27M	4	5	13	14	22	5	7	16	18	29M	65
66	30M	24	28M	16	17	28M	29M	6	7	15	16	24	28M	5	6	25	30M	1	10	66
67	19	23M	31M	1	9	10	18	19	30M	31M	8	9	17	18	29M	30M	10	19	21	26M	3	67
68	10	11	20	25M	2	3	11	19	20	24M	1	2	10	11	19	3	12	14	23	28M	6	68
69	3	4	12	13	21	25M	2	3	11	19	20	24M	1	2	10	21	24M	28M	6	14	69
70	15	23	27M	28M	5	6	14	22	26M	27M	4	5	13	14	22	26M	6	15	17	29M	70
71	8	16	24	28M	29M	6	7	15	16	24	28M	5	6	14	15	8	10	19	21	25M	2	71
72	22M	30M	31M	8	16	17	25	29M	30M	7	8	16	24	28M	29M	6	17	19	31M	1	10	72
73	11	19	20	31M	1	9	10	18	19	30M	31M	8	9	17	18	2	11	13	22	27M	4	73
74	3	4	12	13	21	25M	2	3	11	12	20	24M	1	2	10	11	25M	3	5	14	15	74
75	23	27M	4	5	13	14	22	26M	3	4	12	13	21	25M	2	14	16	18	26M	27M	75
76	7	15	16	27M	28M	5	6	14	15	23	27M	4	5	13	14	22	5	7	16	18	19	76
77	30M	31M	8	16	17	25	29M	30M	7	8	16	24	28M	5	6	30M	1	10	12	77
78	19	20	31M	1	9	10	18	19	23M	31M	8	9	17	18	29M	2	5	13	19	21	26M	78
79	11	12	20	24M	1	2	3	11	19	20	24M	1	2	10	11	19	3	12	14	23	28M	79
80	26M	4	12	13	21	25M	26M	3	11	12	20	21	25M	2	3	21	26M	28M	6	7	80
81	15	16	27M	28M	5	6	14	15	23	27M	4	5	13	14	22	26M	6	15	17	19	82	81
82	31M	8	16	17	25	29M	30M	7	8	16	24	28M	5	6	7	29M	31M	9	11	20	82
83	20	31M	1	9	10	18	19	23M	8	9	17	18	22M	30M	31M	18	20	25M	3	4	22M	83
84	11	12	20	24M	1	10	11	12	20	24M	1	9	10	18	19	2	11	13	22	27M	84
85	3	4	12	13	21	25M	2	3	11	12	20	21	25M	2	3	5	7	15	85
86	16	27M	28M	5	6	14	15	23	27M	4	5	13	14	22	26M	14	16	25	30M	31M	86
87	8	16	17	25	29M	30M	7	8	16	24	28M	5	6	7	15	16	29M	30M	8	10	19	20	87
88	30M	31M	8	9	17	18	29M	30M	7	8	16	24	28M	29M	6	7	22M	30M	1	3	11	88
89	19	20	24M	1	2	3	11	19	23M	31M	1	10	18	19	30M	22	31M	2	4	12	13	89
90	4	12	13	21	25M	26M	3	11	12	20	21	25M	2	3	11	26M	4	6	8	16	17	90
91	27M	28M	5	6	14	15	23	27M	4	5	13	14	22	3	4	15	24	29M	31M	8	91
92	15	16	24	28M	5	6	14	15	23	27M	28M	5	6	14	22	26M	29M	8	17	19	24M	92
93	31M	8	9	17	18	29M	30M	7	8	16	17	25	29M	30M	7	8	22M	31M	2	11	12	93
94	20	24M	1	2	10	11	19	23M	31M	1	9	10	18	19	30M	31M	11	20	25M	3	4	94
95	12	13	21	25M	26M	3	11	12	20	21	25M	2	3	11	12	20	3	5	14	15	95
96	27M	4	5	13	14	22	26M	3	4	12	13	21	2	3	11	14	22	27M	5	7	15	96
97	16	24	28M	5	6	14	15	23	27M	28M	5	6	14	22	26M	7	16	18	30M	31M	97
98	8	9	17	18	29M	30M	7	8	16	17	28M	29M	6	7	15	22M	30M	8	10	1	20	98
99		24M	1				2									4	1	20				99

N.B. Las cifras acompañadas de la letra M se refieren a fechas del mes de marzo; las demás, a fechas del mes de abril.

Fig. 50: Tabla para conocer la fecha de la Pascua en el calendario juliano y en el gregoriano

Casos prácticos

Para ejemplificar el *modus operandi,* respecto de los principios teóricos expuestos sobre datación en general, se reproducen dos fragmentos auténticos: la fórmula final del escatocolo de un par de documentos pontificios.

> *Datis Rome, apud Sanctum/ Petrum, anno Incarnationis [Dominice] MCCCCLXXXI, tertio idus februari, pontificatus / nostri anno undecimo.*

Se trata de un documento expedido en Roma por la Curia pontificia. El estilo referente al inicio del año se deduce de la fórmula *anno Incarnationis [Domini].* Es el tipo propio del día 25 de marzo en su versión romana.[213] Lo cual indica que hay que añadir una unidad desde el 1 de enero hasta el 24 de marzo (1/1++++ 24/3).

En el documento se expresa el día y el año de su expedición: *MCCCCLXXXI, tertio idus februarii.* La fecha sería el 11 de febrero de 1481, pero, por estar datado en el estilo de la Curia, hay que añadir una unidad, puesto que se ha expedido dentro del plazo (1/1++++ 24/3). Por consiguiente, la fecha definitiva sería 11 de febrero de 1482.

Como además se indica el año en curso de la consagración del pontífice, sin mencionar su nombre, es preciso hacer una operación complementaria. Las fechas de consagración de los pontífices o del reinado de los monarcas hay que localizarlas en el utilísimo *Manual* de Adriano Cappelli.[214]

A través del año citado en el documento (1481), se debe partir para identificar el nombre del intitulante. En las *Tavole cronistoriche* de la obra citada figura el nombre de Sixto IV, Francesco della Rovere,[215] el cual fue consagrado el 25 de agosto de 1471. Como en el documento se indica que se encontraba en el año undécimo de su pontificado quiere decirse que, tras aplicar las correspondientes reglas cronológicas propias del estilo, es decir, añadir una unidad dentro del plazo indicado, se comprueba que ambas fechas son correctas y coinciden: 11 de febrero de 1482. Como se puede comprobar, el método expuesto sobre conversión de fechas es útil y técnicamente riguroso. Según los datos internos del documento, se puede averiguar el día, el año e incluso identificar el nombre del pontífice anónimo.

Otro ejemplo es el siguiente. La datación en la que figura la indicción, ciclo de 15 años de carácter fiscal, hay que resolverla con la siguiente fórmula:

$$\frac{\text{Año} + 3}{15}$$

---

[213] Téngase en cuenta que hay otro estilo de la Encarnación llamado «pisano».

[214] Adriano Cappelli, *Cronologia, Cronografia e Calendario perpetuo.* Milano: Ed. Ulrico Hoepli, 1998.

[215] A petición de Fernando II de Aragón, el 1 de noviembre de 1478 emitió la bula *Exigit sincerae devotionis affectus,* que estableció un inquisidor en Sevilla. Sin embargo, el pontífice luchó contra el protocolo y las prerrogativas jurisdiccionales de la Inquisición; desaprobó sus excesos y tomó varias medidas para condenar los abusos que se registraron en 1482.

El cociente indica el n° de ciclos trascurridos desde su implantación y el resto el n° del año dentro del período del ciclo.

> *Datis et actis Cordube / intra domum nostre habitacionis, anno a Nativitate Domini* MCCCCLXXXV°*, / inditione tercia, die vero quinta mensis iullii, pontificatus sanctissimi in Christo / patris et domini nostri Innocentii divina providentia pape oc-/tavi, anno primo.*

Indicción: 3, data, 5 de julio de 1485. En efecto la indicción se corresponde con el tercer año del ciclo 99. Inocencio VIII fue consagrado el 12 de septiembre de 1484, se encontraba en efecto en el primer año de su reinado.

Bibliografía

ALVAR EZQUERRA, Antonio, «Las *Res gestae divi Augusti*: introducción, texto latino y traducción», *CuPAUAM: Cuadernos de Prehistoria y Arqueología*, 7-8 (1980-1981), pp. 109-140, <https://repositorio.uam.es/bitstream/handle/10486/592/20773_PID20773.pdf?sequence=1&isAllowed=y>.

ARTEMIDORO DE ÉFESO, *La interpretación de los sueños*, Trad. Elisa Ruiz García, Madrid, Gredos, 1989.

BARINI, Concepta (ed.), *Res Gestae Divi Augusti; ex Monumentis Ancyrano Antiocheno Apolloniensi*, Romae, Typis Regiae Officinae Polygraphicae, 1937.

BENNETT, John Godolphin y Anthony G.E. BLAKE, *Enneagram Studies*, Charlotte, Bennett Books, 2012.

BIANCHI BANDINELLI, Ranuccio, «Le Calendrier de 354», en *La pittura antica*, Roma, Editori Riuniti, 1980, pp. 159-167.

BOUARD, Alain de, *Manuel de Diplomatique française e pontificale. Diplomatique generale*, Paris, Auguste Picard, later A. & J. Picard, 1929.

BROWN, Peter, *The Rise of Christendom*, 2nd ed., Oxford, Blackwell Publishing, 2003.

CALABI LIMENTANI, Ida, *Epigrafia latina*, Milano, Goliardica, 1973.

CAMERON, Alan, *The Last Pagans of Rome*, Oxford, Univ. Press, 2011.

CAPPELLI, Adriano, *Cronologia, Cronografia e Calendario perpetuo*, Milano, Ulrico Hoepli, 1998.

CARDINALI, Giacomo, *«Qui havemo uno spagnolo dottissimo». Gli anni italiani di Pedro Chacón (1570 c.-1581): saggio di ricostruzione bio-bibliografica a partire da carteggi coevi*, Città del Vaticano, Biblioteca Apostolica Vaticana, 2017.

CLEMENTE DE ALEJANDRÍA, *El pedagogo*, Trad. Joan Sarrol Díaz, Madrid, Gredos, 1988.

CHACÓN, Pedro, *«Carta a Vélez de Guevara». Roma, 12 de diciembre de 1573.* <CALENDARIO_VD/Carta%20Pedro%20Chacón%20y%20grabado%20(1).pdf>.

COURTNEY, Edward, «The Roman Months in Art and Literature», *Museum Helveticum*, 45/1 (1988), pp. 33-57.

DÁMASO I. Papa, *Epigrammata Damasiana*, recensuit et adnotavit Antonius Ferrua, Roma, Pontificio Istituto di archeologia cristiana, 1942.

DEGRASSI, Attilio, *I fasti consolari dell'impero romano dal 30 avanti Cristo al 613 dopo Cristo*, Roma, Edizione di Storia e Letteratura, 1952.

DEGRASSI, Attilio (cur.), Inscriptiones Italiae. Vol. XIII, Fasti et elogia. Fasc. II, Fasti anni Nvmani et Ivliani. Tabvlae et indices, Roma, Istituto Poligrafico dello Stato, 1963.

DIVJAK, Johannes y Wolfgang WISCHAMEYER, *Das Kalendarhandbuch von 354. Der Chronograph des Filocalus*, Wien, Verlag Holzhausen, 2014, <https://www.elsolieltemps.com/pdf/llibres/86.pdf>.

DODDS, Eric Robertson, *Los griegos y lo irracional*, Madrid, Alianza Editorial, 1986.

EUSEBIO DE CESAREA, *Vida de Constantino*, Trad. Martín Gurruchaga, Madrid, Gredos, 1994.

FERRUA, Antonius, «Cronografo dell'a. 354» en *Enciclopedia Cattolica*, Roma, Città del Vaticano 1950, vol. IV, col. 1007-1009.

GARCÍA CASAR, María Fuencisla, «Arias Montano, Benito», en *Diccionario Biográfico Español*, Madrid, Real Academia de la Historia, 2018, <https://dbe.rah.es/biografias/7898/benito-arias-montano>.

GARCÍA LARRAGUETA, Santos A. *Cronología (Edad Media)*, Pamplona, Ed. Univ. de Navarra, 1976.

GIL, Juan, *Arias Montano en su entorno. Bienes y herederos*, Mérida, Ed. Regional de Extremadura, 1998.

GIRY, A. *Manuel de Diplomatique*, Paris, Librairi, Hachette, 1894.

HERWART VON HOHENBURG, Hans Georg, *Novae, Verae Et Exacte Ad Calcvlm Astronomicvm Revocatae Chronologiae, Sev Temporvm Ab Origine Mvndi Svpputationis, capita praecipua, quibus tota temporum ratio continetur. Et Innvmerabiles Omnivm Chronologorum errores deteguntur*. Monachij Bauariarum, ex officina Nicolai Henrici, 1612, <google.com/search?q=ioannis+georgii+herwart+ab+hochenburg+digitale-sammlungen&oq>.

JAMES, William, *The Varieties of Religious Experience: A Study in Human Nature*, New York, Longmans Green, 1902.

JIMÉNEZ SÁNCHEZ, Juan Antonio, *Poder imperial y espectáculos en occidente durante la antigüedad tardía*, Tesis Universidad de Barcelona, 2001 <http://hdl.handle.net/2445/42618>.

JIMÉNEZ SÁNCHEZ, Juan Antonio, «La cristianización del tiempo: la transformación del calendario lúdico en un calendario religioso durante la primera mitad del siglo V» en *Santos, obispos y reliquias: actas del III Encuentro Hispania en la Antigüedad Tardía. Álcala de Henares, 13 a 16 de octubre de 1998*, Alcalá de Henares, Editorial Universidad de Alcalá, 2003, pp. 209-215.

JONES, A.H.M.; J.R. MARTINDALE; J. Morris, «Fl. Val. Constantinus 4» en *Prosopography of the Later Roman Empire I*, Cambridge, Cambridge University Press, 1971, pp. 223-224.

JUNGERMANN, Gotfried, Johannis Davidis ZUNNERI, *C. Iulii Caesaris quae exstant: ex nuper viri docti accuratissima recognition*, Francofurti, apud Claudium Marnium, & heredes IOannis Aubrii, 1606.

KIRCH, Konrad und Leon UEDING, *Enchiridion fontium Historiae Ecclesiasticae Antiquae*, Friburgi Brisgoviae, Herder, 1941.

LACTANCIO, Lucio Cecilio Firminiano, *Liber ad Donatum confessorem. De mortibus persecutorum, 44. CSEL, vol. 27., Sobre la muerte de los perseguidores*, Trad. Ramón Teja Madrid: Ed. Gredos, 1982.

LILIUS, Aloysius, *Compendium novae rationis restituendi kalendarium*, Romae, Apud haeredes Antonii Bladii, 1572.

MANUZIO, Paolo, *Antiquitatum Romanarum Paulli Mannuccii liber de senatu; [Vetus kalendarium romanum e marmore descriptum; De Veterum dierum ratione*. Ed. ab Aldo Manutio], Venetiis, [Apud Aldum Manutium], 1581.

MOMMSEN, Theodor (ed.), «Chronographus Anni CCCLIIII», *Monumenta Germaniae Historica. Auctorum Antiquissimorum, part 9: Chronica Minora Saec. IV-VII, vol. 1*. Berolini, apud Weidmannos, 1892, repr. Munich (1981). pp. 13-148. También publicó el calendario en el *CIL*, vol. 1.

PANIAGUA, David, *Polemii Silvii Laterculus*, Roma, Istituto Storico Italiano Medio Evo, 2018.

PETRUCCI, Armando, «Per la datazione del *Virgilio Augusteo*: Osservazioni e proposte», en *Miscellanea in memoria di Giorgio Cencetti*, Torino, Bottega d'Erasmo, 1973, pp. 30-45. Rekers, Ben, *Arias Montano*. Madrid: Taurus, 1973.

The Plantin Press. General Ledger 1590-99, Amsterdam, Van Hoeve, 1981, vol. II, n. 2.

RASK, Rasmus Christian, et al., *Katalog over den Arnamagnaeanske Håndskriftsamling, I*, Kobenhavn, Peter Erasmus Christian Kaalund, 1888.

RODÀ, Isabel, «Documentos e imágenes de culto imperial en la Tarraconense septentrional» en *Culto imperial: política y poder. Actas del Congreso Internacional, Hispania Antigua*, Sevilla, Universidad de Sevilla, 2006, pp. 739-761.

ROOSES, Max; Jean DENUCÉ; Maurice van DURME, *Correspondance de Christophe Plantin*, Antwerpen, J.E. Buschmann, 1883-1918.

RUIZ GARCÍA, Elisa, *Catálogo de la Sección de códices de la Real Academia de la Historia*, Madrid, Real Aacademia de la Historia, 1997.

RUIZ GARCÍA, Elisa, «Los años romanos de Pedro Chacón: vida y obras», *Cuadernos de Filología Clásica*, 10 (1976), pp.189-247.

SALZMAN, Michele Renee, *On Roman Time: the codex-calendar of 354 and the Rhythyms of urban life in late Antiquity*, Berkeley, University of California Press,1990.

SCHULTZ DE CARABOBO, Teresita, *With hollow* [...] *lapidary origin?*, [s.l.], PampaType font foundry, 2001-2024, <https://pampatype.com/blog/tuscan-letters-1>.

STARK, Rodney, *The Rise of Christianity: A Sociologist Reconsiders History*, Princeton, Princeton University Press, 1996.

STARK, Rodney, *One True God: Historical Consequences of Monotheism*, Princeton, Princeton University Press, 2003.

STERN, Henri, *Le calendrier de 354. Étude sur son texte et sur ses Illustrations*, Paris, Geuthner, 1953.

SUÁREZ GONZÁLEZ, Ana, «A propósito de los «Días aciagos» en un calendario medieval calagurritano», *Kalakorikos*, 6 (2001) pp. 101-114.

SUÁREZ GONZÁLez, Ana, «"De diebus Aegyptiacis" en cuatro manuscritos medievales leoneses (siglos XII-XIII)», *Lógos hellenikós: homenaje al profesor Gaspar Morocho Gayo*, León, Universidad de León, Secretariado de Publicaciones y Medios Audiovisuales, 2003, pp. 769-782 <http://hdl.handle.net/10612 /1010>.

TRAINA, Giusto, *428 AD: An Ordinary Year at the End of the Roman Empire*, Translated by Allan Cameron, Princeton, Princeton University Press, 2009. Edición original en italiano 2007. Hay una reproducción en la obra *The Plantin Press. General Ledger* 1590-99. Amsterdam: Van Hoeve, 1981, vol. II. n. 2.

VOET, Jenney et al., *The Plantin Press. General Ledger 1590-99*. Amsterdam: Van Hoeve, 1981.

Fuentes primarias

1. CALENDARIO AUGUSTEO FARNESIANO (*circa* s. I)

MSS.
CIL, I, VI. [*Fasti*] *Maffeiani*, (746-757), 302-309.
CIL, I, VI. [*Fasti*] *Maffeiani*, (746-757), 332-358.
https://digi.vatlib.it/view/MSS_Barb.lat.2154.pt.A.

IMP.
Vetus kalendarium romanum e marmore descriptum. Apud Aldum Manutium, 1581 en:
Antiquitatum Romanarum Paulli Mannuccii liber de senatu ; [Vetus kalendarium romanum e marmore descriptum ; De Veterum dierum ratione. Ed. ab Aldo Manutio] Apud Aldum
Manutium, 1581. https://books.google.es/books?id=CgtlAAAAcAAJ&printsec=
frontcover&hl=es&source=.

2. CALENDARIO ROMANO DE CONSTANTINO I (a. 325).

MSS.
Calendario vigente durante el mandato de Constantino I (a. 325).
https://digi.vatlib.it/view/MSS_Barb.lat.2154.pt.A. f. 26.

IMP.
Herwart von Hohenburg, Hans Georg, *Novae, Verae Et Exactè Ad Calcvlm
Astronomicvm Revocatae Chronologiae, Sev Temporvm Ab Origine Mvndi Svpputationis, capita
praecipua, quibus tota temporum ratio continetur. Et Innvmerabiles Omnivm Chronologorum
errores deteguntur.* Monachij Bauariarum, 1612.

3. CALENDARIO DE FURIO DIONISIO FILÓCALO (a. 354)

MSS.
Codex Vaticanus Barberini latinus 2154.pt.B (=R1)

CIL, I, VI. [*Fasti*] *Maffeiani*, (746-757), 332-358.

IMP.
The Manhttps://digi.vatlib.it/view/MSS_Barb.lat.2154.pt.B. (=R1). Hay una copia
hecha al mismo tiempo que (=R1): *Codex Vaticanus latinus* 9135 (= R2).
Manuscripts of the «Chronography/Calendar of 354 A.D.».
Calendario del año 354 de Furio Dionisio Filócalo.
https://www.tertullian.org/rpearse/manuscripts/chronography_of_354.htm.

4. *ALIA MANUSCRIPTA MINORA*

Codex Sangallensis 878. St. Gallen, Bibliothèque du Convent. Sin ilustraciones.
Codex Vindobonensis 3416 (*c*. 1500-1510). Wien, Ostrreichische National Bibliothek.
Veteris Kalendarii Explicatio. Ms. AM. 253 de la Biblioteca Universitaria de
Copenhagen. Descripción del ms. en *Katalog over den Arnamagnaeansk
Händskriftsamling*, I, Kobenhavn, 1889, pp. 233-234. https://download.digitale-
sammlungen.de/BOOKS/download.pl?id=bsb11062327 google.com/search?q =
ionnis+georgii+herwart+ab+hochenburg+digitale-sammlungen&oq

Citas indirectas

Agustín de Hipona, santo, *Epistolae ad Galatas expositionis liber unus,* 34 y 35.

Biblia, *Génesis*, vv. 1-2, 4; *Salmo* 92, 13-14.

Clemente de Alejandría, *El pedagogo* (Ὁ παιδαγωγὸς) 3, 59, 2.

Gregorio Nacianceno, san, *Homiliae* (s. IX). Paris, BnF, ms. grec 570, f. 440r.

Horacio, *Epistolae*, I, 2, 40. *Sapere aude*: *Atrévete a pensar por ti mismo.* Consejo dedicado a Máximo Lolio.

Horacio, *Odas*, II, 18, v.15.

Juan de Salisbury, *Metalogicon*, III, 4

Juan, Evangelista, *Apoc.*, I, 8.

Ovidio, *Fastos*, III, v. 883.

Venari, lauari, ludere, ridere, hoc est uiuere. CIL, VIII, suppl., 2, 17938. [Tipo de vida ideal].

Virgilio, *Geor.* III, 284.

Índice de figuras